（この一冊で今すぐはじめられる）

LINE
Instagram
Facebook
Twitter

著 アンドロック

やりたいことが全部わかる本

本書に関するお問い合わせ

この度は小社書籍をご購入いただき誠にありがとうございます。小社では本書の内容に関するご質問を受け付けております。本書を読み進めていただきます中でご不明な箇所がございましたらお問い合わせください。なお、お問い合わせに関しましては以下のガイドラインを設けております。恐れ入りますが、ご質問の際は最初に下記ガイドラインをご確認ください。

● ご質問の前に

小社 Web サイトで「正誤表」をご確認ください。最新の正誤情報を下記の Web ページに掲載しております。

本書サポートページ　https://isbn.sbcr.jp/98403/

上記ページの「正誤情報」のリンクをクリックしてください。なお、正誤情報がない場合、リンクをクリックすることはできません。

● ご質問の際の注意点

- ご質問はメール、または郵便など、必ず文書にてお願いいたします。お電話では承っておりません。
- ご質問は本書の記述に関することのみとさせていただいております。従いまして、○○ページの○○行目というように記述箇所をはっきりお書き沿えください。記述箇所が明記されていない場合、ご質問を承れないことがございます。
- 小社出版物の著作権は著者に帰属いたします。従いまして、ご質問に関する回答も基本的に著者に確認の上回答いたしております。これに伴い返信は数日ないしそれ以上かかる場合がございます。あらかじめご了承ください。

● ご質問送付先

ご質問については下記のいずれかの方法をご利用ください。

Web ページより	上記ページ内にある「この商品に関するお問合せはこちら」をクリックすると、メールフォームが開きます。要綱に従ってご質問をご記入の上、送信ボタンを押してください。
郵　送	郵送の場合は下記までお願いいたします。 〒106-0032 東京都港区六本木 2-4-5 SB クリエイティブ　読者サポート係

- 本書内に記載されている会社名、商品名、製品名などは一般に各社の登録商標または商標です。本書中では®、™マークは明記しておりません。
- 本書の出版にあたっては正確な記述に努めましたが、本書の内容に基づく運用結果について、著者および SB クリエイティブ株式会社は一切の責任を負いかねますのでご了承ください。

ⓒ 2018 アンドロック
本書の内容は著作権法上の保護を受けています。著作権者・出版権者の文書による許諾を得ずに、本書の一部または全部を無断で複写・複製・転載することは禁じられております。

はじめに

　本書は、現代の生活に欠かせない主要SNS（ソーシャル・ネットワーキング・サービス）の使い方を、初心者でも簡単に利用出来るように解説した、一番最初に読むべき説明書です。

　本書で使い方を説明するSNSはLINE、Instagram、Twitter、Facebookの4種類です。いずれのSNSも友人と連絡を取り合ったりビジネスシーンで利用したり情報収集をしたりと、日常生活で必要不可欠なツールとなっています。

　これらのSNSを利用するに当たって不安に感じている方は、是非本書を参考にしてみてください。初期設定や基本操作を初心者でも簡単に理解できるよう解説しています。

　また、昨今話題となっている、SNS利用に伴う個人情報の流出や炎上などが起こらないよう、プライバシー・セキュリティー関連に集中して解説している章も設けていますので、安心してSNSを利用できるようになります。

　SNSはあなたが思っている以上に簡単で便利なサービスです。本書を活用すれば、SNSはおろか、スマートフォンやアプリなどに馴染みのなかった人でも、簡単にSNSの特徴や使い方を理解することができます。

　本書がSNSを利用する、あなたの第一歩の為の教科書となることを願います。

2018年12月　アンドロック

本書の読み方

本書は以下のような紙面構成になっています。図示をふんだんに使い、1つ1つ操作手順を追って説明しています。

≫ 章扉

アプリ（章）の簡単な説明
キャラクターとフキダシで簡潔明瞭な章の説明を掲載

機能説明
画面内のアイコンなどの機能が文字でわかる

主な画面の説明
主な画面のアイコンなどの説明を掲載

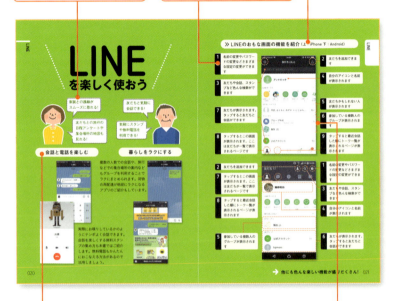

アプリ（章）の説明
このアプリで何ができるのか、この章で何がわかるのか詳しく説明

OS別の説明
iPhoneとAndroidそれぞれの画面の機能の場所がわかる

≫ 解説ページ

- **Question（疑問）** SNSに関する疑問
- **Answer（答え）** 疑問に対する答え
- **手順内の説明** 操作手順を行った結果や補足
- **Column（コラム）** 知っておくと便利な知識
- **操作手順** 順番に操作していくと疑問解決
- **Check（チェック）** 操作する上で疑問が生じた場合に確認
- **HINT（ヒント）** SNSに関する豆知識

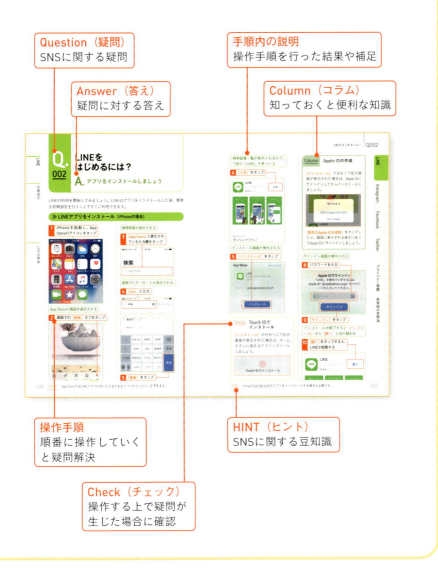

CONTENTS

はじめに …………………… 3
本書の読み方 …………………… 4
スマホの基本操作 …………………… 16
スマホの入力方法 …………………… 18

LINEを楽しく使おう …………20

Q.
- **001** LINEでできることは何? …………………… 022
- **002** LINEをはじめるには? …………………… 024
- **003** 自分のプロフィール写真を設定するには? …………………… 029
- **004** 電話番号を教えずに友だちに追加してもらうには? …………………… 031
- **005** 電話番号からまとめて友だちを追加するには? …………………… 033
- **006** LINEを使っていない人を招待するには? …………………… 035
- **007** すぐそばにいる人に友だちに追加してもらうには? …………………… 037
- **008** 近くにいない人を友だち追加するには? …………………… 039
- **009** すぐそばにいる複数人とまとめて友だちになるには? …………………… 041
- **010** 「知り合いかも?」に表示される人は誰? …………………… 043
- **011** よく交流する人に連絡しやすくするには? …………………… 046
- **012** 知らない人から迷惑なメッセージが送られてきた! どうすればいい? …………………… 047
- **013** 友だちを自動追加したくない・されたくない場合は? …………………… 049
- **014** 友だちと会話を楽しむには? …………………… 050
- **015** 友だちからのメッセージを確認するには? 返信はどうやってするの? …………………… 052

016	絵文字は使える?	054
017	スタンプはどうやって使うの?	056
018	無料スタンプはどうやって入手するの?	058
019	期限切れのスタンプはどうすればいいの?	060
020	有料スタンプはどうやって入手するの?	061
021	トークルームでは写真や動画も送れるの?	064
022	皆で共有しておきたい記念の写真をまとめることはできる?	066
023	待ち合わせ場所をLINEに送れる?	069
024	複数の友だちと少しだけトークするには?	071
025	投票で集合時間などを決められる?	072
026	トークルームの背景は変えられる?	074
027	無料で通話できるって本当?	076
028	LINEを使っていない人とも無料通話できるって本当?	078
029	大事なメッセージや画像を保存しておくことはできるの?	080
030	決まったメンバーと連絡を取り合いたい時に便利な機能はある?	082
031	グループの名前やアイコンは変更できますか?	084
032	グループのメンバーの追加や退会はできる?	086
033	トークルームやグループでいつでも見返せるメモや地図などは作れる?	088
034	グループのメンバーで無料通話できる?	089
035	グループから抜けるには?	090
036	タイムラインでは何ができるの?	091
037	友だちの近況を見るには?	092
038	タイムラインへの投稿内容を変更できますか?	093
039	友だちの投稿にコメントするには?	095
040	特定の友だちに近況を見られたくない場合はどうすればいいの?	096
041	特定の友だちに近況を伝えられますか?	097

CONTENTS 目次

- **042** 通知の設定を変更するには? …… 098
- **043** 通知音や着信音を好きな音に変えられますか? …… 100
- **044** 文字の大きさは変えられる? …… 102
- **045** トーク履歴をバックアップできますか? …… 103
- **046** スマホを機種変更する場合準備しておくことはありますか? …… 105
- **047** 公式アカウントと友だちになるとお得? その方法は? …… 108
- **048** クロネコヤマトの荷物追跡や再配達依頼をLINEでできるの? …… 110
- **049** トークルーム内でキーワードや名前の検索はできる? …… 112
- **050** メールアドレスを登録するメリットは? …… 113
- **051** 電話番号がない端末でLINEを使える? …… 114
- **052** パソコンやタブレットでLINEは使える? …… 116
- **053** 友だちにスタンプや着せかえをプレゼントするには? …… 117
- **054** 既読を付けずにメッセージ内容を確認できる? …… 119
- **055** 通知で表示されるメッセージを他の人に見られないようにできる? …… 121
- **056** LINEを他の人に見られないようにするには? …… 122
- **057** 知らない人にID検索で友だち追加されないようにするには? …… 123
- **058** 友だち以外から来る迷惑なメッセージを受け取らないようにできる? …… 124
- **059** 迷惑行為をしてくる人にはどう対応すればいい? …… 125
- **060** 友だちにブロックされているかどうか確かめられる? …… 126
- **061** LINEのパスワードを忘れてしまった! どうすればいい? …… 127
- **062** メールアドレスやパスワードは変更できますか? …… 129
- **063** LINEを使わなくなったらどうすればいいの? …… 130
- **064** QRコードが流出してしまったかもしれない! どうすればいい? …… 131
- **065** 知らない人やグループからの招待が止まらない! どうすればいい? …… 132
- **066** 不正ログインされているかもしれない時、どうすればいい? …… 134

Instagram を楽しく使おう ……136

Q.

067	Instagramってどんなことができるの？	138
068	Instagramをはじめるには？	139
069	プロフィール写真の設定方法は？	141
070	Facebookの友達とInstagramでつながる方法は？	142
071	知人の名前や商品、会社名などを検索してフォローするには？	143
072	連絡先から知人をフォローする方法は？	144
073	フォローしてくれた人（フォロワー）を確認してフォローする方法は？	145
074	迷惑行為をしてくるユーザーをブロックするには？解除方法は？	146
075	今人気の写真を見るには？　写真の見方は？	147
076	写真はどうやって投稿するの？	148
077	複数の写真をまとめて投稿するには？	150
078	動画を投稿する方法は？	151
079	うまく撮れなかった写真を素敵な写真に加工するには？	152
080	写真の雰囲気を一瞬で変えられるフィルターってどう使うの？	153
081	気に入った写真に「いいね！」する方法は？	154
082	自分の投稿に付いた「いいね！」はどうやって確認するの？	155
083	気に入った写真にコメントするには？	156
084	自分の投稿に付いたコメントにはどうやって返信するの？	157
085	ハッシュタグって何？写真をまとめて見られるって本当？	158

086	ハッシュタグは投稿にどうやって付けるの?	159
087	ハッシュタグをフォローするには?	160
088	写真に写っているユーザーをタグ付けするには?	162
089	写真の撮影場所を登録するには?	163
090	気に入った写真を保存するには?	164
091	保存した写真が多くて見返すのが大変!良い方法はある?	165
092	投稿を編集・削除または非表示(アーカイブ)にするには?	166
093	今までに投稿した自分の写真を見るには?	168
094	24時間限定で写真や動画を投稿する「ストーリー」のやり方は?	169
095	ストーリーを特定の友達だけに公開するには?	171
096	ストーリーを24時間過ぎても見られるようにするには?	172
097	指定したユーザーに個別にメッセージや写真を送るには?	173
098	プッシュ通知やメール通知の設定を変更するには?	175
099	フォロワーだけにアカウントを公開するには?	176
100	登録しているメールアドレスや電話番号の変更方法は?	177
101	パスワードを変更するには?パスワードを忘れてしまったら?	178
102	アカウントは複数使える?	181
103	Instagramからログアウトするには?	182
104	FacebookやTwitterでも同時に投稿するには?	183
105	Instagramに投稿した写真をLINEの友だちに送るには?	184
106	広告を非表示にするには?	185
107	他に便利な機能はある?	186
108	アカウントを削除するには?	187

Facebook
を楽しく使おう …… 188

Q.
109	Facebookってどんなことができるの?	190
110	Facebookをはじめるには?	193
111	プロフィール写真やカバー写真はどうやって設定するの?	196
112	友達に見つかりやすくするためには?	198
113	旧姓は登録できる?	200
114	Facebookに登録している知り合いと友達になるには?	202
115	連絡先から友達を見つけられる?「知り合いかも」とは何?	204
116	本当に知り合いなのか確認する方法は?	206
117	誤って友達に登録した人を削除するには?	207
118	知らない人から友達リクエストが来たけどどうすればいいの?	208
119	距離を置きたい人がいる場合はどうすればいい?	209
120	特定の友達の近況をチェックするには?	210
121	近況を投稿したいけどどうすればいい? タグ付けって何?	211
122	写真や動画はどうやって投稿するの?	214
123	公開範囲を変更して投稿できる?	216
124	投稿済みの文章や写真を編集や削除できますか?	218
125	友達や友達以外の人の投稿を友達とシェアするには?	219
126	気に入った投稿に「いいね!」やコメントをするには?	220
127	「いいね!」以外のリアクションはできる?	221
128	自分の投稿に付いた「いいね!」やコメントの数はどう確認するの?	222
129	旅行などで撮った大量の写真を保存・管理するには?	223

130	飲み会などのイベントを友達と共有するには?	225
131	Messengerで友だちと直接やりとりするには?	227
132	Messengerを複数の友人で集まって使用できる?	229
133	グループに招待された時・参加したい時はどうすればいいの?	230
134	グループを作成するには?	231
135	グループに投稿するには?	232
136	グループのカバー写真を変えるには?	233
137	メンバーをこれ以上増やしたくない時は?	234
138	グループの投稿が議論で荒れてしまった！どうすればいい?	235
139	グループから退会するには?	236
140	通知が大量に来るので減らしたいけどどうすればいいの?	237
141	他アプリとの連携を解除するには?	238
142	Facebookからの連携をすべて解除するには?	239
143	迷惑行為をしてくる人にはどう対処すればいいの?	240
144	知り合いやメールアドレスを知っている人だけに検索させられる?	241
145	個人情報に公開制限を設定するには?	242
146	パスワードはどこで変更できる?忘れた時はどうすればいい?	244
147	二段階認証を設定する方法は?	246
148	アカウントを乗っ取られないためにできることは?	248
149	アカウントにアクセスできなくなった時に事前にしておけることは?	250
150	パソコンでFacebookは使える?	253
151	Facebookをやめるには?	255

Twitter を楽しく使おう …… 256

152	Twitterでどんなことができるの?	258
153	Twitteをはじめるには?	260
154	プロフィールはどこで設定するの?	263
155	知り合いをフォローするには?	265
156	キーワード検索でユーザーを見つけてフォローするには?	266
157	フォロワーとは? フォロワーをフォローする方法は?	267
158	フォローを外すにはどうすればいいの?	268
159	ツイートを非表示にしたいユーザーや迷惑なユーザーへの対処法は?	269
160	フォローしている人が増えてしまってタイムラインが追えない時は?	271
161	特定の人のツイートや写真だけを見るには?	273
162	検索はどうやってできるの?	274
163	Twitterで話題になっているニュースやワードをチェックするには?	275
164	ツイートはどうやってするの?	276
165	フォロワーなどのツイートにコメントする方法は?	277
166	写真や動画を付けてツイートするには?	278
167	ハッシュタグって何? どう使うの?	279
168	メンションって何? どう使うの?	280
169	誤って投稿したツイートを削除するには?	281
170	リツイートはどうやってするの?	282
171	特定の相手とだけ会話をしたい時はどうすればいい?	284
172	「いいね」はどうやって付けるの? ブックマークの方法は?	286

173	Twitterでアンケートって取れるの?	288
174	「～さんが返信しました」という画面は何?	289
175	通知を減らしたいけどどうすればいいの?	290
176	自分の連絡先を知っている人に見つからないようにするには?	291
177	ユーザー名やアカウント名を変える方法は?	292
178	プライベート用と仕事用とでアカウントを複数使える?	294
179	知らない人からダイレクトメッセージを受け取らないようにするには?	296
180	悪質な嫌がらせを受けているがどうすればいい?	297
181	確実に位置情報を公開しないようにする方法は?	298
182	パスワードはどこで変更するの?	300
183	パソコンでTwitterは使える?	301
184	リンクを共有するには?	302
185	Twitterのアカウントを削除する方法は?	303

プライバシーを保護しよう……304

- 186 個人情報を守ってSNSを利用するには？……306
- 187 迷惑行為に遭遇してしまったらどうすればいい？……308
- 188 いわゆる「炎上」をしないためには何に気を付ければいいの？……309

非常時のSNSの活用法を学ぼう……310

- 189 スマホをなくしてしまった時のためにできることは？実際になくしたら？……312
- 190 災害などの非常時に備えて準備しておけることは？……316
- 191 災害などの非常時のSNSの活用法は？……319

用語集……322
索引……328

スマートフォンの
タッチパネル操作方法

スマートフォンはタッチやスワイプなど独自の動作でタッチパネルを操作します。シンプルな動作でさまざまなことができるので、このページで基本的な動作を覚えましょう。

≫ タップ

画面上を軽く触る事をタップと言います。指の腹で軽く「トンッ」という感じで触ります。強く押したり爪を使わないようにしましょう。

≫ フリック

主に文字入力の際に使います。指定のポイントから「クイッ」と指を弾くように操作します。ゆっくり行うと入力しやすいです。

≫ スライド

フリックと似ていますが、こちらはページ遷移の際などに使います。画面上の長い距離を「スッ」という感じで指でなぞります。

≫ ロングタップ（長押し）

画面上の特定の個所を長押しします。強く押す必要はなく「ジーッ」と指を置くイメージです。

≫ ピンチイン／ピンチアウト

画面の拡大/縮小時に使います。2本の指を対角線上に広げるのがピンチイン、対角線上に近づけるのがピンチアウトです。

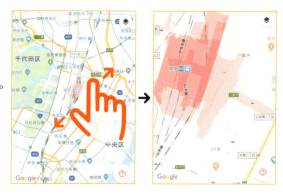

≫ ドラッグ＆ドロップ

アイコンを移動させる際などに使います。ロングタップの要領で選択した後、指を離さずに持っていきたい方向に移動させます。指を離せば完了です。

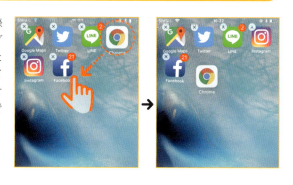

スマートフォンで
文字を入力する方法を覚えよう

スマートフォンで文字入力する際は、画面に表示される「テンキー」と呼ばれる入力パネルをタップ・スワイプして行います。最初は戸惑うかもしれませんが、慣れれば非常に簡単ですので、是非マスターしましょう。

☐ 文字入力方法（通常）

50音順に文字が配列されています。入力したい文字の母音をタップして文字を入力します。

「う」と入力したい場合は、「あ」の部分を3回タップする

検索候補から入力したい文字を選択する

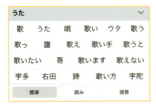

「へ」ボタンを押すと検索候補を表示させられる

☐ 文字入力方法（フリック）

フリック入力を使用すると、通常入力より早く文字を入力できます。

文字を長押しすると、十字方向に文字が表示される

上下左右にフリックさせて入力したい文字を選び、指を離す

5回タップしないと入力できない「の」がワンフリックで入力できる

◻ 文字種を切り替える方法

英語や数字などを入力する際は文字種を切り替えます。

「ABC」と記載されているボタンをタップ

このようにアルファベットの入力パネルが表示されます。アルファベットを入力したい場合はこの入力パネルを使いましょう。　さらに「☆123」をタップすると……

入力パネルは数字に切り替わり、数字の入力ができるようになります

※Androidの場合も入力方法は同じです。機種によって配置が異なる場合があるので自身で確認しましょう。

◻ 絵文字を使う方法

絵文字を入力したい場合の最も分かりやすい方法をお教えします。

「えもじ」とひらがなで入力してください

入力候補を見てみると、さまざまな絵文字が入力候補として表示されるので、好きな絵文字をタップしましょう

また、「笑顔」「悲しい」などの感情や、「コーヒー」「電車」などの名詞を入力すると、目的の絵文字が候補として表示されます

LINE

LINE
を楽しく使おう

家族との連絡が
スムーズに取れる！

友だちとの旅行の
日程アンケートや
集合場所の地図も
見れる！

友だちと気軽に
会話できる！

気軽にスタンプ
や無料電話を
利用できる！

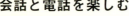

会話と電話を楽しむ　　　　　　**暮らしをラクにする**

複数の人数での会話や、旅行
などでの集合場所の案内な
どもグループを利用することで
ラクにまとめられます。荷物
の再配達が格段にラクになる
アプリのご紹介もしています。

実際にお喋りしているかのよ
うにテンポよく会話できます。
会話を楽しくする無料スタン
プの集め方も本書ではご紹介
します。無料電話もかんたん
におこなえる方法があるので
活用しましょう。

≫ LINEのおもな画面の機能を紹介（上：iPhone 下：Android）

1 名前の変更やパスワードの変更などさまざまな設定の変更ができます

2 友だちを追加できます

3 友だちや会話、スタンプなど色んな検索ができます

4 自分のアイコンと名前が表示されます

5 友だちかもしれない人が表示されます

6 参加している複数人のグループが表示されます

7 友だちが表示されます。タップすると友だちと会話ができます

8 タップするとこの画面が表示されます。ここは友だちが一覧で表示されるページです

9 タップすると最近会話した順にトーク一覧が表示されるページが表示されます

2 友だちを追加できます

5 タップするとこの画面が表示されます。ここは友だちが一覧で表示されるページです

6 タップすると最近会話した順にトーク一覧が表示されるページが表示されます

1 名前の変更やパスワードの変更などさまざまな設定の変更ができます

3 参加している複数人のグループが表示されます

4 友だちが表示されます。タップすると友だちと会話ができます

→ 他にも色んな楽しい機能が盛りだくさん！

Q.001 LINEでできることは何？

A. テキストによる会話や音声通話が楽しめます

今やほとんどの人が利用しているLINEの機能を紹介します。利用者同士のコミュニケーションを活発にするさまざまな機能があります。

≫ 基本機能

主な機能はトーク（短い文章による会話）と音声通話です。その他付随するサービスとして、タイムラインやニュース、ウォレットなどがあります。

□ 無料トーク（テキストチャット）

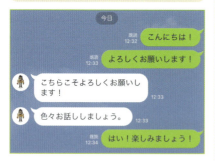

□ スタンプ送信

□ グループ／複数人トーク

□ 写真／動画の共有、アルバム作成

□ 無料音声通話／ビデオ通話

HINT 本書ではほぼ網羅した形で各機能を説明していきます。

Q001 LINEでできることは何？

□無料複数人通話／ビデオ通話

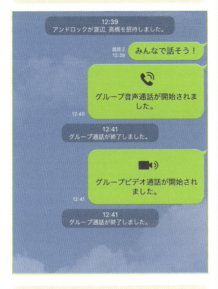

□公式アカウント

□LINEウォレット

□LINEニュース

LINEはコミュニケーション機能に留まらず、さまざまな便利ツールが利用できるサービスです。

トークと通話という基本の機能を利用しつつ、ウォレットや公式アカウントなどの便利機能で、LINEを最大限に活用しましょう。

HINT 本書では主に無料で利用できるサービスを説明していきます。

Q.002 LINEをはじめるには？

A. アプリをインストールしましょう

LINEの利用を開始してみましょう。LINEはアプリをインストールした後、簡単な初期設定を行うことですぐに利用できます。

≫ LINEアプリをインストール（iPhoneの場合）

1 iPhoneを起動し、App Storeのアイコンをタップ

App Storeの画面が表示される

2 画面下の［検索］タブをタップ

検索画面が表示される

3 ［App Store］と表示されている入力欄をタップ

画面下にキーボードが表示される

4 ［line］と入力

5 ［検索］をタップ

HINT　App StoreではLINEアプリの他にもさまざまなアプリがインストールできます。

検索結果一覧が表示されるので、下記の「LINE」を見つける

6 ［入手］をタップ

インストール画面が表示される

7 ［インストール］をタップ

Check Touch IDで
インストール

［インストール］の代わりに下記の画面が表示された場合は、ホームボタンに指を当ててインストールしましょう。

Check Apple IDにサインイン

［インストール］ではなく下記の画面が表示された場合は、Apple IDにサインインしてからインストールしましょう。

［既存のApple IDを使用］をタップしたら、画面に表示される指示に従ってApple IDにサインインしましょう。

サインイン画面が表示される

8 パスワードを入力

9 ［サインイン］をタップ

インストールが終了すると［インストール］から［開く］に切り替わる

10 ［開く］をタップすると、LINEが起動する

HINT Apple IDはLINE以外のアプリをインストールする場合も必要です。

≫ LINEアプリをインストール（Androidの場合）

ホーム画面を表示

1 ［Playストア］をタップ

Google Play画面が表示される

2 ［Google Play］という検索入力欄をタップ

3 ［line］と入力

5 結果候補にあらわれた［LINE］をタップ

4 ［インストール］をタップ

インストールが終了するまで待つ

5 ［開く］をタップでLINEが起動する

HINT インストールが終了すると「インストール」が「開く」に切り替わります。

LINEをはじめるには？ | **Q002**

≫ 初期設定

アプリをインストール後、LINEアプリをタップして起動させると以下の初期設定画面が表示される

1 ［はじめる］をタップ

電話番号入力画面が表示される

2 タップして電話番号を入力

3 ［番号認証］をタップ

確認画面が表示される

4 ［OK］または［確認］をタップ

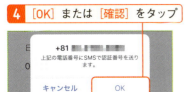

入力した電話番号にSMSで認証番号が送信される

Check 上記の認証番号通知を見過ごした場合

上記は通知画面です。もし通知画面で確認を見過ごしてしまった場合は、「メッセージ」アプリを開いて確認しましょう。

利用登録画面が表示される

5 送信されてきた認証番号を入力し［次へ］をタップ

6 アカウントを引き継ぐかどうかの確認画面が表示されるので［アカウントを新規作成］をタップ

HINT Androidの場合は他にも確認画面が表示されますがすべて許可をタップ。

> **Check** 既にLINEを利用している場合は「アカウントを新規登録」を選択しないようにしましょう。P.105の引継ぎ方法を確認してください。

7 ユーザーネームとアイコン画像を設定して［→］アイコンをタップ

以降パスワード、友だち追加設定、年齢認証を同様に行う

8 ［同意する］または［同意しない］をタップ

9 ［OK］をタップ（チェックを外して［OK］をタップしてもよい）

利用登録が完了

☐ 連絡先へのアクセス許可

電話帳に登録されている人とLINEを楽しみたい場合は［OK］をタップしましょう。特定の人とのみやり取りしたい場合は［許可しない］をタップするのがおすすめです。

☐ 通知の許可

［許可］をタップすると、ポップアップ通知を受けられます。

HINT メールアドレスとパスワードの登録方法はp.113で説明しています。

Q.003 自分のプロフィール写真を設定するには？

A. プロフィール画面で写真や画像を設定しましょう

プロフィール写真を設定することでプロフィールに個性が出て、相手に自分のアカウントだと認識されやすくなります。

≫ プロフィール写真の設定

1  をタップ

2 ⚙ をタップ（Androidは右上）

下の画面が表示される

3 ［プロフィール］をタップ

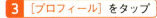

4 プロフィール写真をタップ

5 ［写真または動画を選択］をタップ

Check カメラ撮影や動画も選択可能

その場で写真を撮影したり、動画を選択してプロフィール写真として設定することもできます。

下の選択画面が表示される

6 プロフィールに使用したい画像をタップ

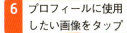

HINT　**5**を実行すると写真にアクセスしても良いか確認画面が表示されるのでOKをタップ。

7 見せたい範囲にピンチイン、ピンチアウト（Androidの場合は表示される枠の四隅をタップしてトリミング）

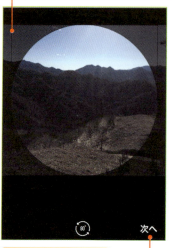

8 ［次へ］をタップ

9 ［完了］をタップ

画面下のアイコンをタップすると、さまざまな加工が可能。今回は🎨をタップして全体の色味を加工

下の画面が表示され、プロフィール写真が設定される

Check プロフィール写真の他に、名前やステータスメッセージも変更できます。

HINT　画像の加工はペンで描いたり文字を入れたり、スタンプを押したりもできます。

Q.004 電話番号を教えずに友だちに追加してもらうには？

A. LINE IDを作成しましょう

LINEでIDを作成すると、相手に電話番号を教えることなくLINEの友だちになれます。友だち追加をする際などに便利なので、作成しておきましょう。

≫ LINE IDを作成

1 🏠をタップ

下記の画面が表示される

3 ［プロフィール］をタップ

4 画面下のIDをタップ

Check　LINE IDの決定は慎重に

LINE IDは一度登録すると変更できないので慎重に考えましょう。

5 タップし、IDを入力

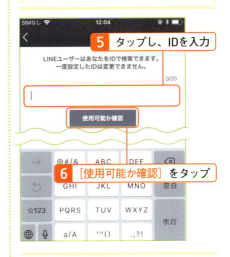

6 ［使用可能か確認］をタップ

Check　重複IDは使用できない

［使用可能か確認］タップ後に「このIDは使用できません」と表示された場合、そのIDは他の人が使用しているので使えません。別のIDを入力しましょう。

HINT LINE IDにはアルファベットや数字などが使用できます。

7 ［保存］をタップ

登録したLINE IDが表示される

🗨 LINE IDで友だち追加

LINE IDで検索すると、アカウントが表示され、簡単に友だち追加できます。追加する詳しい方法はp.39を参照してください。

Column　ID検索の不許可

［IDによる友だち追加を許可］のスイッチをオフにしておくと、友だち検索でIDを入力されても表示されません。知らない人から友だち追加されるのが嫌な場合は、スイッチをオフにしておきましょう。

HINT　自分のホーム画面を表示するとBGMが流れるようにする設定も可能です。

Q.005 電話番号からまとめて友だちを追加するには？

A. 連絡先のデータから自動的に友だち追加しましょう

スマホの連絡先のデータから、自動的にLINEの友だちを追加できます。複数の友だちを一括で追加できるのでオススメです。

≫ 連絡先からまとめて友だち追加

1  をタップ

2 をタップ

友だち追加の画面が表示される

3 友だち自動追加の[許可する]をタップ

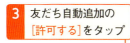

選択画面が表示される

4 [OK]をタップ

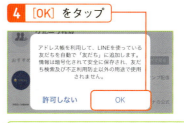

一括追加が開始され、完了すると、タブに表示されている友だちの一覧に新しい友だちとして表示される

HINT 連絡先へのアクセスを許可するかどうか確認画面が表示されるのでOKをタップ。

> Check 連絡先に情報を追加した場合は、次の「電話番号から追加・検索されたくない場合の対処法」で説明する画面にある、友だち自動追加の🔄をタップすることで、再度連絡先から自動追加できます。

≫ 電話番号から追加・検索されたくない場合の対処法

他の人から電話番号で追加・検索されたくない場合は、設定をオフにすることで回避できる

1 🏠をタップ

2 ⚙️をタップ

3 ［友だち］をタップ

4 ［友だちへの追加を許可］のスイッチをオフにする

> Check **スイッチのオン・オフの切り替え**
>
> スイッチのオン・オフの切り替えはタップを押すだけで可能です。

これで相手が自分の電話番号を知っていたとしても、自動的にLINEで友だち追加や検索はできなくなる

HINT 逆に、自分から友だち自動追加をしたくない場合は「友だち自動追加」をオフにする。

Q.006 LINEを使っていない人を招待するには？

A. メールやSMSを使って友だちをLINEに招待しましょう

LINEを使っていない人には、メールやSMS（電話番号で送るショートメッセージ）を使って、LINEに招待できます。

≫ 友だちをLINEに招待する（SMS）

1 をタップ

2 をタップ

3 [招待]をタップ

選択画面が表示される

4 [SMS]をタップ

連絡先に登録されているユーザーが表示される

5 招待したい人の名前の左側にチェックを入れる（Androidの場合は[+招待]をタップ）

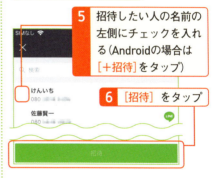

6 [招待]をタップ

Check 右側にLINEのアイコンがある人はすでにLINEを利用している人です。

SMSが立ち上がる

7 そのまま送信

HINT もちろん招待されなくてもLINEは利用できますが、同時に友だち追加できるので便利です。

≫ 友だちをLINEに招待する（メール）

1 🏠をタップ
2 👤をタップ
3 ［招待］をタップ

選択画面が表示される

4 ［Email］をタップ（Androidの場合はメールアドレス）

連絡先に登録されているユーザーが表示される

5 招待したい人の右側の［招待］をタップ

メールアプリが立ち上がる

6 そのまま送信する

Check　Androidの場合

Androidの場合は、例えば以下のような画面が表示されます。

メールで送ることができればいいので、スマホに標準でインストールされている「メール」や、他のメールアプリが入っている場合はそちらをタップして、メールアプリを立ち上げましょう。

後は、SMSやメールを受信した人は、内容に従って登録を行えば友だち追加が完了する

HINT　もしも知らない人からこのようなメールが届いた場合は必ず無視しましょう。

Q.007 すぐそばにいる人に友だち追加してもらうには？

A. QRコードを使って友だちに追加してもらいましょう

近くにいる人を友だちに追加するには、QRコードを使用した友だち追加が便利です。複数人の場合はp.41を参照してください。

≫ QRコードで友だち追加

1 🏠をタップ

2 👤+をタップ

3 [QRコード] をタップ

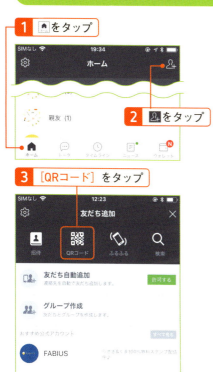

以下の画面が表示される

4 [マイQRコード] をタップ

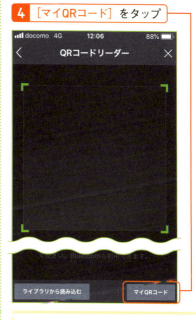

Check QRコードの読み取り

自分が相手のLINEのQRコードを読み取る時はこの画面を表示しましょう。読み取る時のコツは、QRコードの模様がはっきりと読み取れるよう、強い光が入らないよう、平面に置いて読み取りましょう。

HINT QRコードの読み取りは、機種にもよりますが標準カメラで読み取ることも可能です。

LINE / 友だち / QRコードで友だち追加

自分のQRコードが表示される

5 相手にQRコードを読み取ってもらう

QRコードが読み取られると下のような画面が表示される

6 [追加]をタップ

Check 自分が相手のQRコードを読み取る時は？

今回は自分のQRコードを表示して、相手に友だち追加してもらいました。逆に、自分が相手のQRコードを読み取りたい時は、さきほどの **3** まで行って、QRコードを読み取りましょう。

HINT QRコードはスクリーンショットで撮影して相手にメールなどで送信することも可能です。

Q.008 近くにいない人を友だち追加するには？

A. ID／電話番号検索で友だちを追加しましょう

LINE ID及び電話番号で友だちを検索して追加する方法です。相手が検索されることを許可していれば、簡単に友だち追加できます。

≫ ID検索で友だち追加

1. 🏠をタップ
2. 👤+をタップ
3. [検索] をタップ
4. [ID] のボタンをタップ
5. 入力欄をタップし、IDを入力
6. 🔍をタップ

年齢認証を行う旨のメッセージが表示されるので操作を行う

3. 契約している携帯電話のキャリアをタップ

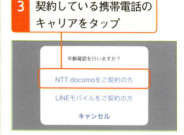

各キャリアの認証ページへ移動する。今回はdocomoとする

下のような画面に従い操作していくと認証される

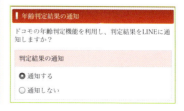

HINT LINE IDではじめて友だち検索する場合は年齢認証が必要です。

下のように相手のアイコンが表示される

7 [追加] をタップ

> **Check** ID検索は完全一致で
>
> 検索は、入力した値が完全に一致しなければ検索結果が表示されません。たとえば今回の場合のIDは「androck777」ですが、入力欄に「androck」と入力して検索しても、検索結果は表示されません。値が1文字でも間違っていたり抜けていたら結果が表示されないので、注意しましょう。

≫ 電話番号で友だち追加

「ID検索で友だち追加」の 3 まで行う

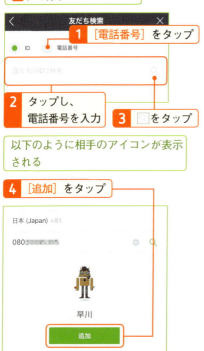

1 [電話番号] をタップ
2 タップし、電話番号を入力
3 ◯ をタップ

以下のように相手のアイコンが表示される

4 [追加] をタップ

友だち追加が完了すると、追加ボタンがトークボタンに変わる。トークボタンをタップすると、トークを開始できる

HINT LINE IDの検索は文字が完全に一致しなければいけないので1文字ずつ確認しましょう。

Q.009 すぐそばにいる複数人とまとめて友だちになるには？

A. 「ふるふる」を使いましょう

すぐそばにいる人たちを、まとめて友だち追加できる「ふるふる」という機能を紹介します。ひとりひとり順番に友だち追加するよりも効率的です。

≫「ふるふる」で複数人の友だち追加

1. 🏠 をタップ
2. 👤+ をタップ

3. [ふるふる] をタップ

下の画面が表示される

4. 画面をタップするか端末を振る

検索が完了するまで待つ

「ふるふる」で見つかった人が一覧で表示される

5. 友だち追加したい人をタップ

6. [追加] をタップ

HINT 端末を振る時は自分だけでなく友だち追加したい知人にも振ってもらいましょう。

Androidの場合は以下のように右にチェック欄がある

相手が友だちリストに追加するまで待つ

Check この状態で［閉じる］をタップしてしまうと友だちリストには追加されないので注意してください。

お互いの作業が完了すると友だち登録完了と表示される

7 ［閉じる］をタップ

相手が友だちリストに追加されていることを確認

HINT **7**で3人以上でふるふるする時は全員が「友だち登録完了」になるまで［閉じる］をタップしない。

Q.010 「知り合いかも？」に表示される人は誰？

A. LINE IDや電話番号で友だち追加してくれた人です。知り合いなら友だち追加しましょう

LINE IDや電話番号で友だち追加された場合、「知り合いかも？」のリストにその人が表示されます。知っている人なら友だち追加しましょう。

≫「知り合いかも？」に表示される人を友だち追加

1 ⌂をタップ **2** 👤+をタップ

下のような画面が表示されるので下へスライド

3 [知り合いかも？]に表示されている候補をタップ

Check 知り合いかも？がない？

「知り合いかも？」が見当たらない場合があります。「知り合いかも？」が表示されない場合は、友だち追加している相手がいない状態です。
また、LINE IDや電話番号その他で友だち追加された場合はこのように「知り合いかも？」と表示されるので見落とさないようにしましょう。

HINT 他人が表示されるのは、個人情報の漏洩や友だちの前の電話番号が使われているなどがありえます。

> タップした人のプロフィール画面が表示されるので、知り合いかどうか確認する

> ［投稿］をタップすると、下のような画面が表示され投稿内容が確認できる

> 知り合いかどうか名前だけではわからない場合（ニックネームだった場合など）はさきほどのプロフィール画面の［投稿］と［写真・動画］をタップして確認する

> ［写真・動画］をタップすると、公開している写真・動画を確認できる

HINT　［投稿］や［写真・動画］に何も投稿していないユーザーもいます。

Q010 「知り合いかも？」に表示される人は誰？

Check 知り合いではない場合はブロック

アイコンや自己紹介文を見ても知り合いだと判断できない、または友だち追加したくなければ［ブロック］をタップしましょう。

ブロックすることで、相手から友だち追加されることはなくなります。

「知り合いかも？」に表示されているユーザーは自分を知っている人ばかりではなく、電話番号やLINE IDを一方的に知っている詐欺業者などの可能性も十分にあります。もしも「知り合いかも？」に表示されているユーザーに心当たりがあるなら、対面や電話など別の手段で事前に確認しておくのがいいでしょう。

4 知り合いなら［追加］をタップ

追加した人が友だちリストに追加される

HINT 通報するとLINE社に通報されます。あきらかに詐欺団体だと感じた場合に操作しましょう。

Q.011 よく交流する人に連絡しやすくするには？

A. 「お気に入り」に加えて見分けましょう

「お気に入り」を活用することで、よく連絡する友だちが友だちリストの上に表示され、連絡がしやすくなります。

≫「お気に入り」に追加

1. 🏠 をタップ
2. お気に入りに登録したい友だちをタップ
3. ☆ をタップ

☆ が ★ に変わる

4. × をタップ（Androidの場合は端末の戻るボタンをタップ）

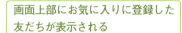

画面上部にお気に入りに登録した友だちが表示される

HINT　頻繁にやり取りを行う人は、お気に入りに登録すると連絡が取りやすくなります。

Q.012 知らない人から迷惑なメッセージが送られてきた！どうすればいい？

A. ブロックまたは非表示にしましょう。さらに友だちから削除することも可能です

知らない人からいつの間にか友だち追加され、迷惑なメッセージが送られてくる場合は、ブロックまたは非表示にしましょう。さらに友だちから削除もできます。

≫ 友だちをブロックまたは非表示にする

下画面のように、知らない人からメッセージが送られてきた場合

1 🏠 をタップ

2 削除したいユーザーを長押し

3 [非表示]または[ブロック]をタップ

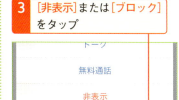

Check Androidの場合

Android端末の場合も同様に長押ししてブロックまたは非表示にしましょう。

1 削除したいユーザーを長押し

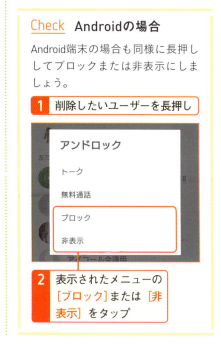

2 表示されたメニューの[ブロック]または[非表示]をタップ

HINT 2で左スライドを途中で止めることなく行うとブロックが手軽にできる。

Column 非表示とブロックの違い

友だちを非表示にすると、相手が友だち一覧から見えなくなります。一方ブロックをすると、友だち一覧から見えなくなるのに加えて、相手がトークを送ってきてもこちらには表示されません。また、非表示にしても相手にはわかりません。
非表示は友だち一覧から省きたい時、例えば疎遠になってトークをほとんどしなくなった人にするといいでしょう。ブロックはメッセージを受け取りたくない、迷惑な相手に行いましょう。ブロックしたことは確実には相手にはわからないので（p.126）、友だちから削除されたことがわかったらさらに迷惑な行為をしてくるかもしれない相手に行うことをおすすめします。

≫ 友達から削除する

1 ⚙をタップ

2 [友だち]をタップ

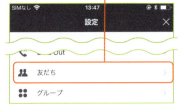

3 [ブロックリスト]をタップ

3 削除したい友達の[編集]をタップ

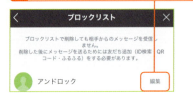

選択画面が表示される

4 [削除]をタップ

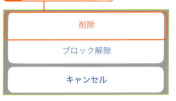

Column 解除の方法

「友だちをブロックまたは非表示にする」で誤ってブロックや非表示にしてしまった場合、上記の **4** で「再表示」または「ブロック解除」をタップすれば解除が可能です。

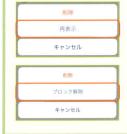

HINT 非表示とブロックをむやみにおこなうのは人間関係を悪化させる恐れがあるので避けましょう。

Q.013 友だちを自動追加したくない・されたくない場合は？

A. ［友だち自動追加］と、［友だちへの追加を許可］をオフにしましょう

LINEでは電話番号やメールアドレスを知っていれば、自動的に友だち追加できます。手動で追加したい場合は設定をオフにしましょう。

» 友だちの自動追加をオフに設定

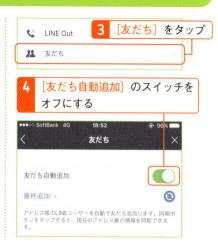

» 友だちへの追加を許可をオフに設定

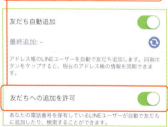

HINT 逆に友だち自動追加したい・されたい場合は、それぞれのスイッチをオンにしましょう。

Q.014 友だちと会話を楽しむには？

A. 「トーク」を使いましょう

LINEの基本機能のトークの使い方を紹介します。トークでは友だちとリアルタイムでメッセージのやり取りができます。

≫「トーク」する

1 🏠をタップ

2 トークしたい友だちをタップ

3 💬をタップ

Check トークタブから楽に移動

すでにトークをしたことがある友だちの場合、トークタブからも選択できます。

4 メッセージ入力欄をタップ

HINT トークしたことがある友だちにメッセージを送る場合、トークタブに移動すると楽です。

友だちと会話を楽しむには？ **Q014**

5 キーボードでメッセージを入力

6 ▶をタップ

下の画面のようにメッセージが送信される

メッセージの文章とともに、メッセージが送信された時間が緑のフキダシの左に表示される

Column トークでの会話例

上の画像はトークでの会話例です。メッセージの文字数は最大1万文字です。また、絵文字なども使用できます。絵文字やスタンプなどの詳しい使用方法はp.54、p.56で説明しているので参考にしてください。

また、写真などの画像や動画も送れます（p.64）。文章だけでなくこのような絵文字やスタンプ、写真から動画にいたるまで幅広く会話を楽しめます。LINEではトーク中心に会話を楽しめるのでぜひ活用しましょう。

HINT メッセージの文字数は1万文字までですが、読みやすいよう程々の文字数で送りましょう。

Q.015 友だちからのメッセージを確認するには？返信はどうやってするの？

A. トーク画面を確認し、メッセージの送信と同じように返信を送りましょう

友だちのトークメッセージを受信したときの返信の方法を紹介します。会話をすることで、LINEの楽しさを知りましょう。

≫ 友だちからのメッセージの確認方法

□ 通知から移動して確認

友だちからメッセージを受信した場合、下のように通知が届く

1 通知をタップ

トークルームが表示される

□ トークルームへ移動して確認

1 をタップ

2 会話したい友だちをタップ

Column　緑の丸文字の意味

まだ確認していないメッセージがある場合、トーク画面の相手の欄の右側に緑色のマークが表示されます。数字は受信したメッセージの数です。上記の例だと友だち「雅春」からの1件の未読メッセージがある状態です。

トークルームが表示される

HINT　掲載している通知画面はロック中の通知画面で、あくまでも一例です。

友だちからのメッセージを確認するには？返信はどうやってするの？ | **Q015**

≫ 友だちからのメッセージへの返信方法

1 入力欄をタップ

2 キーボードでメッセージを入力

3 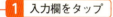 をタップ

メッセージが友だちに送信される

Column　メッセージの見方

緑色のフキダシは自分が送信したメッセージです。白色のフキダシは相手が送信したメッセージです。
自分が送信したメッセージは画面右側、相手が送信したメッセージは画面左側に表示されます。
また、相手がメッセージを読むと「既読」という文字が表示されます。

HINT　文字入力中に入力欄の上に絵文字やスタンプなどが表示されることがあります。

Q.016 絵文字は使える？

A. 色んな絵文字が用意されているので使ってみましょう

メッセージを送る際に絵文字を使えます。標準で用意されている絵文字にはたくさんの種類があるので、相手に気持ちを伝える際に活用しましょう。

≫ 絵文字を使う

1 トークルームでテキスト入力欄の横にある◎をタップ

絵文字一覧が表示される

Check 大きなイラストが表示された場合

大きなイラスト（スタンプ）が表示された場合は、左下の◎をタップしましょう。

Column 種類の違う絵文字の使用

一番下の列を左右にスライドすることでさまざまな種類の絵文字を使用できます。異なる種類の絵文字を使用したい場合はタップして切り替えましょう。

HINT ここで言う絵文字とはLINEで用意されているLINE特有の絵文字です。

絵文字は使える？ | **Q016**

2 文字を入力し、使いたい絵文字をタップ

3 ▶をタップ

下の画像のようにメッセージが表示される

Check ダウンロードが必要な絵文字

下のように、初回利用時にダウンロードが必要な絵文字もあります。

［ダウンロード］をタップすると使えるようになります。

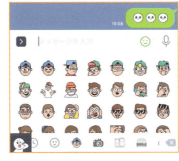

Column 絵文字だけを送る方法

上記では、文章のメッセージの中に絵文字を使用していますが、絵文字単体で送信することもできます。

上の画像のように1つだけ絵文字を選択してをタップすると、右上の画面のように大きな絵文字を送れます。

ただし、絵文字を複数個送った場合は、以下のように小さく表示されます。

HINT スタンプを使うほどではないけれど、少し気持ちを添えたい時に絵文字を使ってみましょう。

Q.017 スタンプはどうやって使うの？

A. 入力欄横の◎をタップして、使いたいスタンプを選択しましょう

LINEの一番の醍醐味の一つ、スタンプを送る方法を紹介します。スタンプを使ってLINEの友だちと楽しくコミュニケーションをとりましょう。

≫ スタンプを送る

1 トークルームで、入力欄の横の◎をタップ

スタンプが表示される

Check 小さなイラストが表示された時は？

小さなイラスト（絵文字）が表示される場合は左下のマークをタップすると、スタンプ表示に切り替わります。

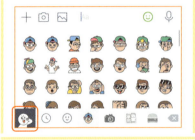

Column 種類の違うスタンプの使用

一番下の列を左右にスライドすることでさまざまな種類のスタンプを使用できます。異なる種類のスタンプを使用したい場合はタップして切り替えましょう。

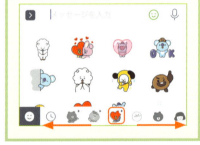

HINT 一番下の列に表示される◎をタップすると、最近使用したスタンプが表示されます。

スタンプはどうやって使うの？ | **Q017**

2 送りたいスタンプをタップ

3 ▶をタップ

相手にスタンプが送信される

Check ダウンロードが必要なスタンプ

下のように、初回利用時にダウンロードが必要なスタンプもあります。

［ダウンロード］をタップすると使えるようになります。

Column スタンプの連続送信

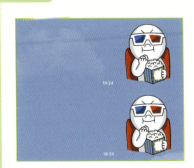

同じスタンプを連続で送ることも可能です。
スタンプだけを連続で送ると、メッセージを送った相手から嫌がられる可能性もあります。相手との関係なども踏まえて、普段の会話と同じように、相手のことを意識して使用しましょう。

HINT　スタンプショップでスタンプを購入しなくてもさまざまな感情をあらわせられるスタンプが用意されています。　057

Q.018 無料スタンプはどうやって入手するの？

A. 「イベント」を活用して入手しましょう

有料のスタンプとは別に、特定の条件を満たすと無料で入手できる期間限定スタンプがあります。手軽に入手できるのでおすすめです。

≫ 無料の期間限定スタンプを入手

1 ◻をタップ

2 ［スタンプショップ］をタップ

3 ［イベント］をタップ

4 欲しいスタンプをタップ

無料で入手できるスタンプが一覧で表示される。それぞれのスタンプの入手条件も同時に表示される

5 ［友だち追加］をタップ

©公文教育研究会
※入手条件が異なるスタンプもあります。

HINT 無料スタンプ一覧は新着順に表示されます。

無料スタンプはどうやって入手するの？ | **Q018**

LINE / Instagram / Facebook / Twitter / プライバシー保護 / 非常時の活用法

下の画面が表示される

6 ［追加］をタップ

7 ［ダウンロード］をタップ

8 ［確認］をタップ

ダウンロードしたスタンプは
スタンプリストの一番左に追加される

Check 期間限定スタンプ

無料スタンプのほとんどは期間限定のスタンプなので、指定された期間を超えると使用できなくなることを覚えておきましょう。

※中には期間限定でないスタンプもあります。

HINT　無料といっても、季節に沿ったものやさまざまな種類があるのでおすすめです。

Q.019 期限切れのスタンプはどうすればいいの？

A. 期間限定スタンプで期限が切れたものは削除しましょう

有効期限の切れたスタンプは使えません。残していても邪魔になるので削除して、他の有効なスタンプを快適に使えるようにしましょう。

≫ 有効期間が終了したスタンプを削除

1 トークルームを開き、😊をタップ

2 期限切れのスタンプをタップ

3 ［削除する］をタップ

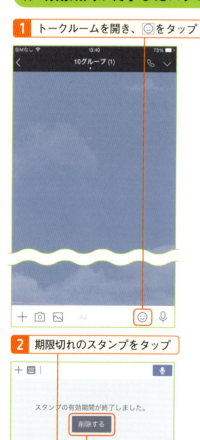

下のような警告文が表示される

4 ［削除する］をタップ

選択したスタンプが表示されなくなる

©KOSE PROVISION　©my

HINT　一番下のスタンプ列の一番右の＋をタップするとスタンプショップへ移動できます。

Q.020 有料スタンプはどうやって入手するの？

A. スタンプショップで購入して使用しましょう

有料スタンプはスタンプショップで購入することで使用できます。好みのスタンプを見つけて購入し、トークで使用してみましょう。

≫ 有料スタンプの購入

1 ▢ をタップ

2 ［スタンプショップ］をタップ

スタンプショップが表示される

3 スタンプショップで購入したいスタンプを探してタップ

©ナガノ

HINT スタンプショップでは絵文字も購入できます。

LINE　スタンプ　有料スタンプの購入

4 ［購入する］をタップ

コインが不足している場合、下のような確認画面が表示される

5 ［OK］をタップ

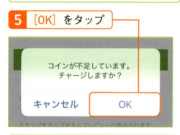

コインチャージ画面が表示される

6 必要なコインの額に対する値段をタップ

支払い方法を選ぶなど、画面に沿って操作すると、下の画面が表示される

7 ［OK］をタップ

購入確認画面が表示される

8 ［OK］をタップ

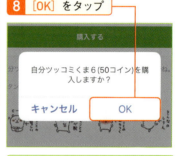

ダウンロードが完了するまで待つ

HINT　スタンプには大きく分けて公式スタンプとクリエイターズスタンプがあります。

有料スタンプはどうやって入手するの？ | **Q020**

ダウンロードが完了すると
下の画面が表示される

9 ［確認］をタップし完了

トークルームのスタンプリストを見る
と追加されていることが確認できる

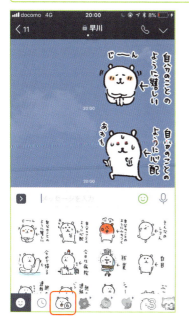

| Column | スタンプの使い方 |

有料スタンプの使い方は無料スタンプとまったく同じです。トークルームで送信して楽しみましょう。

また、ダウンロードしたスタンプはダウンロード済みと表示されます。

HINT 公式スタンプは企業が作成しているスタンプで、クリエイターズスタンプは個人が作成しているスタンプです。

Q.021 トークルームでは写真や動画も送れるの？

A. トークルームの入力欄横の 📷 または 🖼 をタップして送りましょう

トークルームでは文章やスタンプ以外に、写真や画像、動画も送信できます。写真のサイズをカスタマイズしたり、ペンで書き足すことも可能です。

≫ 写真や動画を送信

1 トークルームでテキストボックス横のボタンをタップ

📷 新たに写真や動画を撮影
🖼 アルバム内の写真や動画を送信

□ アルバム内の写真や動画を送信する場合

1 で 🖼 をタップする

2 送りたい写真または動画をタップ

3 ▶ をタップ

Check 写真選択後「ORIGINAL」をタップして送信すると、もとの画像を解像度で送信します。
高画質で送れますが、送信に時間が掛かったりパケットを多く使用するので注意しましょう。

以下のように写真または動画が送信される

□ 新たに写真や動画を撮影して送信する場合

1 で 📷 をタップすると、カメラが起動される

HINT アルバム内の写真を送る場合は複数の写真をまとめて送ることも可能です。

トークルームでは写真や動画も送れるの？ | **Q021**

2 短くタップで写真を撮影、長押しで動画を撮影

3 ▶をタップ

下のように写真が送られる

| Column | **写真の編集** |

撮影した写真にはさまざまな編集ができます。

写真の縦横を調整

ペンで文字や絵を書く

HINT 写真の編集は他にも、色合いを調整したり写真にスタンプを押したりもできます。

Q.022 皆で共有しておきたい記念の写真をまとめることはできる？

A. 「アルバム」を作成して共有したい写真をまとめられます

トークルームに参加している全員が閲覧できるアルバムを作成できます。思い出の写真を共有したり、たくさんの写真を整理する際に便利です。

≫ トークルームでアルバムを作成

1 トークルームを表示し右上のメニューをタップする

2 [アルバム] をタップする

Check Andoridの場合は右上のアイコンをタップすると以下のようなメニューが表示されるので、同様にアルバムをタップしましょう。

1 ▽をタップ

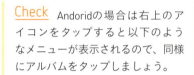

2 [アルバム] をタップ

3 [アルバムを作成] をタップ

HINT 上のCheckで説明している操作はiPhoneでも可能です。

皆で共有しておきたい記念の写真をまとめることはできる？ | **Q022**

スマホに保存されている写真が表示される

3 アルバムに追加したい写真をタップ

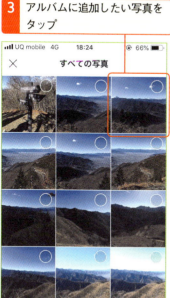

4 ［次へ］をタップ

5 アルバム名入力欄をタップして入力

6 ［作成］をタップ

アップロードが開始されるので待つ

HINT イベントごとにアルバムを作成することで整理もしやすくなります。

067

アップロードが完了し、アルバムが完成する

トークルームにもアルバムが作成されたことが通知される

Column 大事な写真はアルバムへ保管

トークルームに送った写真は一定期間が過ぎるとダウンロードできなくなります。
アルバムにまとめることでいつでも写真を閲覧、ダウンロードできます。

Column アルバム内の写真の並べ替え

iPhoneの場合は、アルバム右上の をタップすると写真の並べ替えができます。

Androidの場合は、左上のファイル名をタップしましょう。

HINT トークルームに参加している全員が自由にアルバムを閲覧し、写真を追加できます。

Q.023 待ち合わせ場所をLINEに送れる？

A. 位置情報を使用して待ち合わせ場所を地図で送れます

待ち合わせ場所をLINEの友だちに共有する際は、位置情報を送ると便利です。わかりづらい場所も地図で場所を指定して相手に知らせられます。

地図で位置情報を知らせる

1 トークルームを表示し、文字入力欄左の＋をタップ

2 ［位置情報］をタップ

地図が表示される

3 画面をスワイプして、指定場所へピンの位置を変更

Check 検索で場所を指定

検索キーワード入力欄に住所を入力して検索することもできます。

4 相手に知らせたい位置にピンを移動させたら、［この位置を送信］をタップ

HINT 検索するといくつかの候補が表示されるので、該当する場所をタップしましょう。

LINEのトークルームに位置情報が送信される

Column ピンチイン・ピンチアウトで拡大縮小

送られてきた地図の位置情報は、ピンチイン・ピンチアウトすることで拡大縮小も自由に行えます。

Column 地図メニューでできること

表示された地図の右下の[:]をタップすると、地図メニューが表示されます。

Googleマップアプリで開いたり、現在地からの経路の案内も可能です。［他のトークに送信］を利用することで他のトークルームにも送信可能なので、別の友だちとも共有できます。

HINT 地図メニューはAndroidの場合表示される文章は少し異なりますが内容はほぼ同じです。

Q.024 複数の友だちと少しだけトークするには？

A. トークルームを複数人で利用しましょう

複数人の友だちとトークできます（後述するグループとは異なります）。気軽に複数人でチャットを楽しめるので、ちょっとした連絡をする際に活用しましょう。

≫ 複数人のトークルームを作成する

1 💬 をタップ

2 😀 をタップ

3 ［トーク］をタップ

4 遷移した画面で友だちをタップ

選択した友だち複数人でのトークルームが作成される

2 ［メンバー・招待］をタップ

3 ［友だちの招待］をタップ

4 追加で招待したい友だちをタップ

5 ［OK］をタップ（Androidの場合は［トーク］をタップ）

トークルームに友だちが追加される

Check 追加される前のメッセージは見られない

追加で招待された友だちは、それまでのトークルームのメッセージ内容は確認できません。招待された以降のメッセージは確認できます。

🗆 メンバーを追加する方法

1 ☰ をタップ

HINT 友だちを選択中に誤って他の友だちを選択した場合はもう一度タップして解除しましょう。

Q.025 投票で集合時間などを決められる？

A. トークルーム内の [+] から投票画面が表示できます

トークルーム内でアンケートを作成して、トーク参加者に対してアンケートを取れます。集合時間や飲み会のお店を決める時などに重宝します。

≫ 投票（アンケート）の利用方法

□投票（アンケート）の作成

トーク画面の画面下の [+] をタップ

1 [投票] をタップ

投票画面が表示される

2 [投票を作成] をタップ

投票作成画面が表示される

3 今回は [テキスト] をタップ

4 質問内容をタップして入力

5 選択肢をタップして入力

6 必要であればいずれかをタップして設定

7 [完了] をタップ

HINT **6** には他に [選択肢の追加を許可] があります。参加者なら誰でも選択肢の追加が可能になります。

投票で集合時間などを決められる？ | **Q025**

Column 日付投票について

3 で［日付］をタップすると下の画面のように日付を選択肢にした投票が作成できます。文字の選択肢は不要で日付だけを聞きたい場合はこちらで作成すると手間が省けます。

☐ 投票する

投票を作成した本人の場合は **2** へ飛ぶ

1 トーク画面を表示し、下の投票通知の［投票する］をタップ

「投票する」画面が表示される

2 いずれかの選択肢をタップ

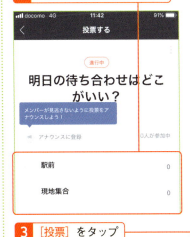

3 ［投票］をタップ

4 投票が終わったら［投票を終了］をタップして終了

結果が表示される

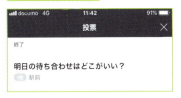

HINT ［アナウンスに登録］をタップするとトーク画面上部に投票中のお知らせが表示されます。

Q.026 トークルームの背景は変えられる？

A. トークルームからの [設定] で変更できます

トークルームの背景デザインを変えることで、他の会話との見分けが付きやすくなります。また、特長を出すために背景を変えるのもおすすめです。

≫ トークルームの背景を変更

1 トークルームを表示し、☰をタップ

2 ⚙をタップ（Androidの場合は[トーク設定]）

3 [背景デザイン] をタップ

4 [デザインを選択] をタップ

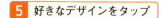

※写真撮影やアルバムからも背景デザインを変えられます。

5 好きなデザインをタップ

HINT トーク設定では、トークの履歴を送信したり逆に削除したりさまざまなことが可能です。

トークルームの背景は変えられる？ **Q026**

初めて使うデザインはダウンロードが必要なので、下の画面が表示される（iPhoneの場合のみ）

6 ［OK］をタップ

7 使いたいデザインにチェックが付いていることを確認し、Ｋをタップで完了（Androidの場合は右上の［選択］をタップ）

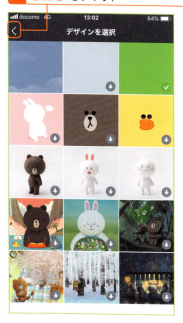

トークルームを確認すると背景デザインが変更されている

他のトークルームにも異なるデザインを設定すると違いがひと目でわかる

Column　背景は自分の写真も設定可能

4 で説明したように、背景は自分の端末に保存している写真も設定できます。

HINT トークルームのメニューにはトークルームで行えるさまざまな機能がまとめられています。

Q.027 無料で通話できるって本当？

A. 電話料金をかけず、データ通信費用のみで通話できます

無料通話機能を利用すると、パケット通信（データ通信）費用のみで電話をかけられます（電話料金負担なし）。LINEの友だち同士で通話をする場合に便利です。

≫ 無料通話をする

1 🏠 をタップ

2 通話したい友だちをタップ

3 [無料通話] をタップ

※このメニューからビデオ通話も可能です。

Column トークルームから通話

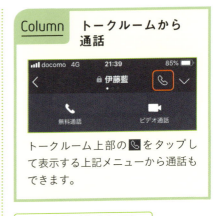

トークルーム上部の 📞 をタップして表示する上記メニューから通話もできます。

相手の応答があるまで待つ

Check 相手の応答を待たずに通話を終了するには 📞 をタップ。

HINT ビデオ電話も無料でできます（データ通信量はかかります）。

無料で通話できるって本当？ | **Q027**

通話を受ける側は✓をタップ

Check ✗をタップすると通話せずに着信を停止させられます。

通話が開始されると通話開始からの時間が表示される

4 会話を終える場合は、通話終了ボタンをタップ

Column 通話中にできること

一番左側のマイクアイコンをタップするとこちらの音をミュートにできます。離席する場合など一時的に音を聞かせたくない場合に使用するといいでしょう。中央のアイコンをタップするとビデオ通話に切り替えられます。右側のアイコンはスピーカーアイコンです。スマホを机などに置いて通話できます。

Column 通話履歴もトークに残る

上の画面のように、通話した際の履歴がトークルームに残ります。例えば一番上の緑色のフキダシは、こちらから通話したけれど応答がなかった、という履歴です。また、その下のフキダシは5秒間相手と通話したという意味になります。
白いフキダシは相手側から通話してきた履歴です。

HINT ビデオ通話は無料通話と比べて動画が表示されるのでデータ通信量に気をつけましょう。

Q.028 LINEを使っていない人とも無料通話できるって本当?

A. 「LINE Out Free」を使いましょう。制限のない格安の「LINE Out」もあります

「LINE Out Free」でLINEを利用していない人とも無料通話できます。LINEを利用しているなら、普通に電話するのはもったいのでぜひ活用しましょう。

≫「LINE Out Free」を使って無料通話

1 🏠から⬚をタップ

2 下にスクロールし、[その他サービス]をタップ

3 下にスクロールし、[LINE Out Free]をタップ

LINEでの通話履歴が表示される

4 ⌨をタップ(Androidの場合は右上)

> **Check 履歴から通話**
> 履歴に残っていれば、電話をかけたい相手(LINEに登録されている携帯番号)の横の📞をタップして通話しましょう。

HINT 無料通話はデータ通信量がかかりますが、自宅のWi-Fiを利用すれば無料です。

LINEを使っていない人とも無料通話できるって本当？ **Q028**

利用開始確認画面が表示される

5 ［利用開始］をタップ

電話番号入力画面が表示される

6 電話番号をタップ

7 📞をタップ

通話する前に15秒の広告が表示される

Column 有料プラン「LINE Out」

「LINE Out Free」にはその他の制限として、固定電話3分/回、携帯電話1分/回、1日5回までの制限があります。
このような制限を解除し、なおかつ通常の電話料金より格安で利用するには有料プラン「LINE Out」を利用しましょう。

「LINE Out」の詳細の設定や通話するための購入については［設定］画面の［LINE Out］をタップし、下のような画面からおこなえます。

HINT 国内外問わず無料なのでとても便利なサービスです。

079

Q.029 大事なメッセージや画像を保存しておくことはできるの？

A. LINE Keepで自分専用のフォルダに保存しましょう

Keep機能を使うと、メッセージや画像、動画などを自分専用のフォルダに保存できます。大切なデータを保存しておきましょう。

≫ Keepに保存

1 トークルームで保存したいメッセージや画像を長押しする

2 選択したら「保存」をタップ

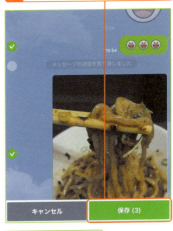

複数同時に選択も可能

Keepに保存される

HINT ノートの投稿確認や通話履歴などはKeepに保存できません。

大事なメッセージや画像を保存しておくことはできるの？ **Q029**

≫ Keepに保存した内容を確認

1 🏠をタップ

2 自分のプロフィールをタップ

Keepに保存した内容が表示される

3 ［Keep］をタップ

内容をタップすると、詳細が表示されます

HINT Keepの削除や編集などは最後の詳細画面で行えます。

Q.030 決まったメンバーと連絡を取り合いたい時に便利な機能はある？

A. グループを作成して決まったメンバーとやり取りしましょう

家族や友人、職場のメンバーなど、決まった複数人で連絡する際には、グループ機能を利用しましょう。メッセージなどを一斉に送れます。

≫ グループを作成

1 🏠 をタップ

2 ［グループ作成］をタップ

3 メンバーに入れたい人をタップ

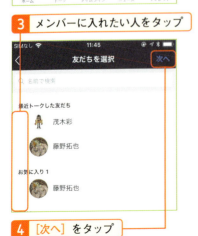

4 ［次へ］をタップ

Check 名前で検索

名前で友だちを検索することも可能です。

5 グループアイコンやグループ名を設定（Androidの場合はここでメンバー追加）

HINT **5** でもメンバーの追加が可能です。

決まったメンバーと連絡を取り合いたい時に便利な機能はある？ | **Q030**

6 設定が終わったら［完了］をタップ

グループが作成され、メンバーに入れた友だちに招待の通知が送信される

グループに招待されると、右側に「N」のマークがついたグループが表示される

Check Nの意味

NはNewの略称、つまり、新しく作成されたグループという意味です。

グループに招待された場合

グループを開く

1 ［参加］をタップでグループに参加

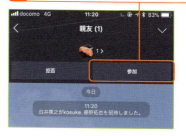

Check 知らない人からの招待

知らないメンバーからの招待の場合は、不用意に参加せず［拒否］を選択しましょう。

Column 後から参加すると以前のメッセージは確認できない

グループに招待した人が全員参加する前にメッセージを送った場合、後から参加した人はそのメッセージを確認できません。
重要なメッセージを送る場合は、全員参加してから送るか、「ノート」に記載するようにしましょう。

HINT グループでメッセージを送ると参加者全員に見られるので内容には注意しましょう。

Q.031 グループの名前やアイコンは変更できますか？

A. トークルームの ∨ をタップして [設定] から変更しましょう

グループの名前やアイコンは自由に変更できます。変更はグループを作成した人に限らず、グループのメンバーなら誰でも自由に行えます。

≫ グループのアイコンを変更

1 編集したいグループのトークルームを表示し ≡ をタップ

2 ⚙ をタップ（Androidの場合 [グループの編集]）

3 アイコンをタップ

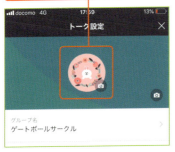

4 [写真を選択] をタップ（Androidの場合、[プロフィール画像を選択]）

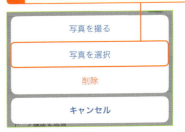

5 好きな画像をタップ

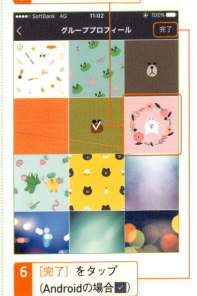

6 [完了] をタップ（Androidの場合 ✓）

HINT iPhoneとAndroidの場合でトークルームのメニューの内容が異なるので注意しましょう。

グループの名前やアイコンは変更できますか？ | **Q031**

Check アイコンには写真やアルバム内の写真も設定できる

アイコンには撮影した写真やアルバム内の写真も設定できます。

≫ グループの名前を変更

「グループのアイコンを変更」の 2 まで行う

1 グループ名をタップ

2 変更したいグループ名を入力

3 ［保存］をタップ

Column 変更すると通知される

アイコンや名前を変更した場合はグループ内で通知されます。こっそり変更したりはできないので、きちんと了承を得ておきましょう。

HINT アイコンの画像選択時、Androidでは「写真を撮影」「写真を選択」という選択肢になります。

Q.032 グループのメンバーの追加や退会はできる？

A. グループメンバーの追加や退会はメンバーなら誰でも可能です

LINEのグループでは、グループメンバーを後から追加したり、グループから削除することが可能です。

≫ グループにメンバーを追加

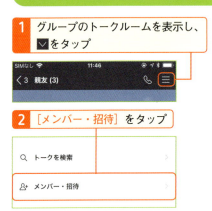

≫ グループからメンバーを削除する（iPhoneの場合）

HINT　トークルームのメニューはメニュー外をタップすることでも閉じられます。

グループのメンバーの追加や退会はできる？ | **Q032**

5 ［削除］をタップ

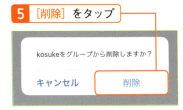

下のように表示される

≫ グループからメンバーを削除する（Androidの場合）

1 グループルームを表示し、上部の ∨ をタップ

2 ［設定］をタップ

3 ［メンバーリスト・招待］をタップ

下のようにメンバー編集画面が表示される

4 ［:］から［編集］をタップ

5 退会させたいメンバーの横の［削除］をタップ

確認画面が表示される

6 ［はい］をタップ

HINT 招待した場合も退会させた場合も「誰が」行ったのかがグループ内で通知されます。

Q.033 トークルームやグループでいつでも見返せられるメモや地図などは作れる？

A. 「ノート」を使ってメモを共有し、待ち合わせ時間や場所を記録できます

「ノート」を使うと、書いた内容や写真をいつでも見返せられます。タイムラインだと他のメッセージに埋もれて確認しづらくなるので活用しましょう。

≫ ノートを作成

1 トークルームを表示し、☰をタップ（Androidの場合は下のHINT参照）

2 [ノート]をタップ

3 タップ

4 記録したい内容を入力、位置情報も共有できる

5 [投稿]をタップ

トークルームやグループに参加する前に作成されたノートも確認できる。投稿に対して下のアイコンからコメントも可能

ノートへの投稿や更新があった場合、トークルームにも通知される

HINT Androidの場合は☑横の☰をタップしてノートを作成しましょう。

Q.034 グループのメンバーで無料通話できる？

A. グループメンバー全員と同時に無料通話できます

LINEではグループメンバー全員と同時通話できます。もちろん通話料は無料です（データ通信料は発生します）。複数人で電話会議を行う際などに便利です。

≫ グループメンバーと無料通話

1 グループのトークルームを表示し、📞をタップ

2 ［音声通話］をタップ

Check 全員への着信を避けたい場合

上記を操作すると、メンバー全員へ着信が届きます。メンバーの選択はできないので、その際は新たなグループを作成しましょう。

グループメンバーが応答すれば通話スタート。一人でも着信を受ければ、通話が開始される

Check 通話が開始された時の通知

自分以外のメンバーが音声通話を始めた場合、以下のように通知が届きます。

通話に参加する場合、［参加］をタップしましょう。

3 通話を終了する場合は、📞をタップ

HINT グループでビデオ通話することももちろん可能です。

Q.035 グループから抜けるには？

A. 不要なグループからは退会できます

グループから抜ける（退会する）方法を紹介します。参加したグループが多いとグループ一覧が煩雑になるので、不要なグループからは退会して整理しましょう。

≫ グループからの退会

1 退会したいグループのトークルームを表示し、☰をタップして⚙をタップ

2 ［グループを退会］をタップ

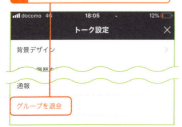

3 ［OK］をタップ（Androidの場合は［はい］をタップ）

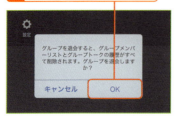

退会したグループはグループ一覧から表示されなくなる

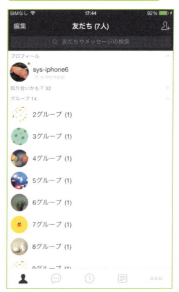

Check 一度グループを退会すると、再び同じグループに入っても過去のトーク履歴は見れません。よく考えてから退会しましょう。

HINT グループから退会するともちろんトークルールにも表示されるのでよく考えて退会しましょう。

Q.036 タイムラインでは何ができるの？

A. 近況を投稿して友だちに伝えられます

「タイムライン」では近況を投稿してLINEの友だちに見てもらえます。BGMや背景画像も自由に設定できるので、自分らしいホームにカスタマイズしましょう。

≫ タイムラインへの投稿

1 □ をタップ

2 ➕ をタップ

3 🖉 をタップ

4 入力欄をタップし内容を入力

Column 公開範囲の設定

投稿する際に、公開範囲を設定できます。全体公開、友だちのみ公開などを選択できるので、投稿内容に合わせて設定しましょう。

5 ［投稿］をタップ

タイムラインに投稿内容が表示される

HINT ④で表示される投稿画面下の写真をタップすると、一緒に写真を投稿することも可能です。

Q.037 友だちの近況を見るには？

A. タイムラインを見ましょう

タイムラインでは、友だちの投稿内容を見られます。友だちが投稿した近況などを確認できます。

≫ タイムラインを確認する

1 をタップ

Column タイムラインでできること

友だちや自分のタイムラインへの投稿が見られます。タイムラインでは、テキスト文章はもちろん、写真や動画、位置情報など、さまざまな情報を投稿できます。イベントや会合の告知情報としても使用できます。

スタンプマークから、投稿に対してスタンプでリアクションをすることも可能です。

HINT　公式アカウントの投稿もタイムラインに表示されます。

Q.038 タイムラインへの投稿内容を変更できますか？

A. 投稿の名前の横にある … をタップして変更しましょう

タイムラインに投稿した内容は、後から修正・削除できます。間違った投稿をした場合も焦らず対応しましょう。

≫ 投稿を修正

1 タイムラインを表示し、修正したい投稿の横にある … をタップ

2 [投稿を修正] をタップ

3 投稿内容を修正し [投稿] をタップ

完了のメッセージが表示される（iPhoneの場合）

修正された近況が表示されている

HINT Androidで1つ前の画面に戻る時はホームボタンの ◁ のタップが便利です。

≫ 投稿の削除

1 タイムラインを表示し、削除したい投稿の […] をタップ

2 ［投稿を削除］をタップ

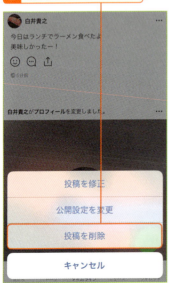

3 ［OK］をタップ

Check 公開設定の変更

投稿を編集する際には、公開設定の変更も可能です。投稿自体はそのままで、公開範囲を友だちのみに設定することもできるので利用してみましょう。

HINT 公開設定は初期状態では全体公開になっているので変更したい場合は設定しましょう。

Q.039 友だちの投稿にコメントするには？

A. コメントしたい投稿の 📷 をタップしましょう

タイムライン上の友だちの投稿に対してコメントできます。ただし、他のユーザーも見られるので投稿内容に気を付けましょう。

≫ 友だちの投稿へのコメント

1 タイムラインを表示し、コメントしたい投稿の 💬 をタップ

2 入力欄にコメント内容を入力

3 [送信]をタップ（Androidの場合は ➤ をタップ）

コメントした投稿に「コメント1」と表示される

タップするとコメント内容が表示される

Column 写真やスタンプの使用

コメントには写真やスタンプの送信も可能です。

コメント入力時に、📷 や 😊 をタップしてそれぞれ写真やスタンプを送信できます。

HINT コメントの横に表示されている数値はコメント数です。

Q.040 特定の友だちに近況を見られたくない場合はどうすればいいの？

A. タブの設定画面で[タイムライン]から非公開にしましょう

LINEのタイムラインに投稿する際、特定の友だちに対して投稿内容を非公開に設定できます。自分の近況を知られたくない場合に設定しましょう。

≫ タイムラインの公開設定

1 をタップ

2 ⚙をタップ

3 [タイムライン]をタップ

4 [友だちの公開設定]をタップ

友だち一覧が表示される

5 非公開にしたい友だちの[非公開]をタップ

非公開のリストに追加される

Column その他の操作

上の画面で[非公開]をタップすると、非公開設定した友だちを確認できます。

また、[公開]をタップすると、公開状態に戻せます。

HINT 非公開にした友だちは、それ以降自分の投稿した内容が見れなくなります。

Q.041 特定の友だちに近況を伝えられますか？

A. リストを作成して限定公開しましょう

親友や家族など特定のグループを作って公開することで、不特定多数の人に近況を知られずに済みます。

≫ タイムラインのリストの作成

タイムラインを表示し、投稿画面を表示する

1 [新規リスト] をタップ

友だち選択画面が表示される

2 公開したい友だちをタップ

3 [次へ] をタップ

4 入力欄にグループの名前を入力

5 [保存] をタップ

作成したグループが表示される

6 作成したグループをタップ

7 [閉じる] をタップ（Androidの場合 [確認]）

この状態で投稿すると、作成したグループのメンバーにのみ投稿が表示される

HINT 一度公開範囲を変更して投稿すると、以降はその公開範囲が選択状態になります。

Q.042 通知の設定を変更するには？

A. 設定画面の［通知］をタップしてそれぞれ変更しましょう

メッセージを受信した際や、通話着信があった際の通知のされ方の設定を変更します。通知をオフにしたり、条件に合わせて通知の設定を変更できます。

≫ 通知の設定の変更

□ 通知の設定画面を表示する

1 🏠 をタップ

2 ⚙ をタップ

3 ［通知］をタップ

□ 通知をすべてオフにする

1 ［通知］のスイッチをオフにする

□ 一定時間だけ通知をオフにする

1 ［一時停止］をタップ

2 いずれか選択したい方をタップ

> **Check 一時停止の使い方**
>
> 1時間停止の場合は一呼吸置きたい時、午前8時まで停止は、就寝時には通知をオフにしたい時に便利です。

HINT 通知にはさまざまな種類があるので、利用シーンに合わせて最適な設定にしましょう。

□ その他の通知設定①

- 〇 **新規メッセージ（iPhoneのみ）**
メッセージ受信時の通知ON/OFFを設定
- 〇 **メッセージ通知の内容表示**
メッセージ内容を通知に表示させるかどうかを設定
- 〇 **サムネイル表示（iPhoneのみ）**
通知内容に画像や動画を表示するかどうかを設定
- 〇 **自分へのメンション通知**
自分がメンションされているメッセージの通知ON/OFFを設定
- 〇 **LINEPay**
LINEPay利用時の通知ON/OFFを設定
- 〇 **グループへの招待**
グループへ招待された場合の通知ON/OFFを設定
- 〇 **タイムライン通知**
タイムラインに関する通知設定の詳細ページへ移動する

□ その他の通知設定②

- 〇 **アプリ内通知**
LINEアプリを立ち上げている場合の通知ON/OFFを設定
- 〇 **アプリ内サウンド**
LINEアプリを立ち上げている場合の通知にサウンドが流れるかどうかを設定
- 〇 **アプリ内バイブレーション**
LINEアプリを立ち上げている場合の通知にバイブレーションするかどうかを設定
- 〇 **連動アプリ**
LINE系アプリの通知の詳細設定をおこなえる
- 〇 **連動していないアプリ**
連動していないアプリの通知ON/OFFを設定

HINT ［アプリ内通知］ではLINEアプリを立ち上げている場合にもきちんと通知が届くように設定できます。

Q.043 通知音や着信音を好きな音に変えられますか？

A. 🏠タブの設定画面の［通知］［通話］でそれぞれ設定しましょう

LINEではメッセージを受信した際の通知音や電話の着信音を変更できます。多くの種類の音源が用意されているので、好みのものに設定しましょう。

≫ 通知音の変更

1 🏠をタップ

2 ⚙をタップ

3 ［通知］をタップ

4 ［通知サウンド］をタップ

通知サウンド一覧が表示される

5 設定したい通知サウンドをタップ

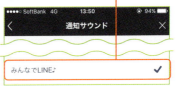

Check　音の再生方法

どんな音なのか知りたい時は、タップすることで音を再生できます。もし音が出ない場合はマナーモードになっている可能性が高いので、マナーモードを解除しましょう。

Column　通知音と着信音の違い

ここで設定する通知音とは、LINEでメッセージを受け取った時に流れる音です。着信音はLINE電話の着信を受けている時に流れる音のことです。
他のアプリからの通知音や携帯電話からの着信音の設定とは異なるので注意してください。

HINT 通知サウンドをタップすると自動的に音声が再生されるので注意しましょう。

通知音や着信音を好きな音に変えられますか？ **Q043**

≫ 着信音の変更

「通知音の変更」の **2** まで行う

1 ［通話］をタップ

2 ［着信音］をタップ

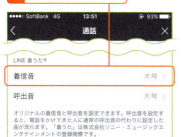

3 着信音に設定したい音の ⬇ をタップ

Check 音の再生方法

各音の欄をタップすると音が再生されるので、確認してから好きな音を決めましょう。
再生を停止したい時は ⊙ をタップして止めましょう。もし音が出ない場合はマナーモードになっている可能性が高いので、マナーモードを解除しましょう。

⬇ が ✓ に切り替わり、音が変更される

HINT LINE MUSICで着信音を作成することもできます。

Q.044 文字の大きさは変えられる？

A. ［設定］の［トーク］から［フォントサイズ］画面で変更できます

トーク画面の文字の大きさが大きすぎたり小さかったり読みづらい場合はフォントサイズを変更しましょう。

≫ フォントサイズの変更

[ホーム]タブの[設定]をタップ

1 ［トーク］をタップ

- 通知　オン
- 写真と動画
- **トーク**
- 通話
- LINE Out
- 友だち

2 ［フォントサイズ］をタップ

トーク画面：
- 背景デザイン
- フォントサイズ　iPhoneの設定に従う
- トークのバックアップ
- 改行キーで送信　改行キーが送信キーになります。
- 自動再送　送信できなかったメッセージを、一定時間後に自動で再送します。
- URLプレビュー

3 ［iPhoneの設定に従う］のスイッチをオフにする

4 見やすいサイズをタップ

フォントサイズ画面：
- iPhoneの設定に従う
- 小
- 普通 ✓
- 大
- 特大

指定したフォントサイズの文字の大きさがトーク画面で表示される

HINT　［iPhoneの設定に従う］の場合はiPhoneで設定している文字の大きさで表示されます。

Q.045 トーク履歴をバックアップできますか？

A. タブの設定画面からの［トーク］でバックアップできます

LINEのトーク履歴をバックアップしておくことで、スマホを失くしたり機種変更をした際、新しいスマホにLINEのトーク履歴を復元できます。

≫ トークのバックアップ（iPhoneの場合）

1 をタップ

2 をタップ

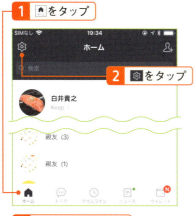

3 ［トーク］をタップ

4 ［トークのバックアップ］をタップ

5 ［今すぐバックアップ］をタップ

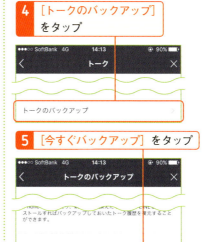

Check バックアップ時にはWi-Fiを使用

大量のデータを送受信するので、モバイルデータ通信はオフにしておきましょう。モバイルデータ通信で大量のデータの送受信を行うと非常に大きなデータ通信量が発生してしまうからです。バックアップの際には、自宅のWi-Fiなどを利用して行いましょう。

HINT　機種変更をする前は必ずバックアップを取っておきましょう。

バックアップが開始されるので待つ

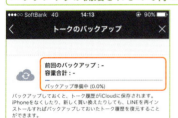

下の画面が表示されれば完了

最終バックアップ日時が表示されるので、バックアップを行う目安にしましょう。

≫ トークのバックアップ（Androidの場合）

「トークのバックアップ（iPhoneの場合）」の3まで行う

1 [トーク履歴のバックアップ・復元]をタップ

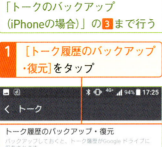

2 [Googleドライブにバックアップする]をタップ

3 バックアップのデータを保存するGoogleアカウントをタップ

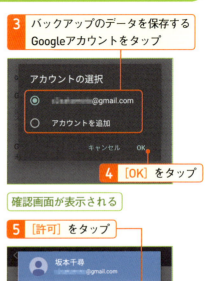

4 [OK]をタップ

確認画面が表示される

5 [許可]をタップ

バックアップが完了するまで待つ

HINT　定期的にバックアップすることでスマホを紛失した場合も履歴を復元できます。

Q. 046 スマホを機種変更する場合準備しておくことはありますか？

A. 新しいスマホでも同じように使えるよう引継ぎをしましょう

スマホを機種変更する際は事前に引継ぎ設定をしましょう。引継ぎを失敗すると、LINEの友だちとの繋がりなどが削除されてしまうので注意しましょう。

≫ 引き継ぎ設定を行う（機種変更前の端末で行う）

☐ メールアドレスとパスワードを登録

p.113を確認し、登録してください。

☐ アカウント引継ぎ設定をオンにする

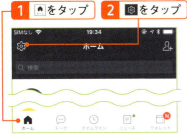

1 🏠 をタップ　**2** ⚙ をタップ

3 [アカウント引き継ぎ] をタップ

4 [アカウントを引き継ぐ] のスイッチをオンにする

Check　確認画面でOKをタップする前に

アカウント引き継ぎは設定をオンにしてから36時間がタイムリミットとなります。
機種変更に際して、旧端末が使えなくなる場合（下取りなど）は、旧端末が使えなくなる前に必ず引継ぎ設定をオンにし、36時間以内に新端末でLINEの引継ぎを行う必要があります。

5 [OK] をタップ

アカウント引き継ぎが行える状態になる

HINT　アカウント引き継ぎを中止したい場合はスイッチをオフにしましょう。

≫ 引き継ぎ設定を行う（機種変更後の端末で行う）

1 LINEアプリをダウンロードし、アプリ起動後、[はじめる]をタップ

2 SMSが受信できる電話番号を入力

3 [番号認証]をタップ

入力した電話番号宛てにSMS（ショートメッセージ）で認証番号が送信されるので確認

4 認証番号を入力

5 [次へ]をタップ

6 [はい、私のアカウントです]をタップ

7 登録したパスワードを入力

8 [→]ボタンをタップ

HINT　アプリのインストールについてはp.24を参照してください。

Q046 スマホを機種変更する場合準備しておくことはありますか？

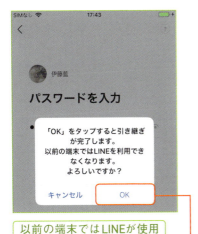

以前の端末ではLINEが使用できなくなる旨が表示される

9 ［OK］をタップ

電話帳へのアクセス許可、通知の許可の確認画面が表示される

これで、以前利用していた名前とLINE IDを引き継いで利用できます。友だちのリストも以前のままの状態です。
ただしトーク履歴はすべて削除されます。トークも引継ぎたい場合は、トーク履歴のバックアップを取り、機種変更後にiCloudまたはGoogle Driveから復元しましょう。

≫ トーク履歴の復元

□ iPhoneの場合

LINEアプリをインストールしてログインした後に下のような画面が表示される

1 ［トーク履歴をバックアップから復元］をタップ

□ Androidの場合

p.104の「トークのバックアップ（Androidの場合）」の **1** まで行う

1 ［復元する］をタップ

復元が完了した旨の確認画面が表示される

2 ［許可］をタップ

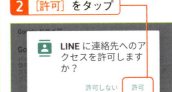

HINT バックアップにはiCloudまたはGoogle Driveの空き容量がデータ分だけ必要です。

Q.047 公式アカウントと友だちになるとお得？ その方法は？

A. 公式アカウントと友だちになると最新情報やお得なクーポン情報を入手できます

公式アカウントには、企業や商品など多くの公式アカウントがあるので、興味のある公式アカウントと友だちになってみましょう。

≫ 公式アカウントの友だち追加

1 をタップ

2 ［公式アカウント］をタップ

公式アカウント画面が表示される

3 気になるアカウントをタップ

タップした公式アカウントの画面が表示される

4 ［追加］をタップ

公式アカウントが友だち追加され、メッセージが届く

HINT 公式アカウントにはさまざまなものがあるので興味のある番組や商品を検索してみましょう。

Column　お得な情報やクーポンが取得できる

公式アカウントを友だち追加すると、定期的にお得な情報や新着情報がLINEで通知されます。

キャンペーン商品をゲットしたりもできます。

また、クーポンタブからはクーポンを配信しているアカウントを探せるので活用しましょう。

友だち追加でクーポンを利用できます。

HINT　むやみに公式アカウントを友だち追加すると通知が邪魔になる可能性もあります。

Q.048 クロネコヤマトの荷物追跡や再配達依頼をLINEでできるの？

A. ヤマト運輸の公式アカウントを友だち追加すると可能です

クロネコヤマトの荷物の追跡や再配達依頼、集荷依頼などをLINE上で行えます。普段ネットショッピングなどでヤマトからの受取が多い方は是非活用しましょう。

≫ ヤマト運輸の公式アカウントの友だち追加

1 🏠をタップ

2 検索入力欄をタップし、[クロネコヤマト]と入力

3 ヤマト運輸の公式アカウントをタップ

ヤマト運輸の画面が表示される

4 [追加]をタップ

Column 多くの人が使っている公式アプリ

ヤマト運輸のLINE公式アカウントの登録者数は1000万人以上です。日本人の約10人に1人が登録しています。

≫ アカウント連携

再配達などを行うには、クロネコメンバーズアカウントと連携する必要があります。

1 👤をタップ　**2** [公式アカウント]をタップ

3 ヤマト運輸をタップ

HINT　クーポンを頻繁に配布しているマクドナルドなどのファーストフード店はおすすめです。

クロネコヤマトの荷物追跡や再配達依頼をLINEでできるの？ | **Q048**

4 画面下の［ご要望を入力してね！］をタップ

5 表示された［アカウント連携をして荷物の通知を受け取る］をタップ

6 クロネコメンバーズのログインまたは新規登録を行う

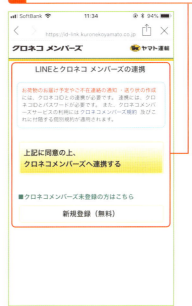

≫ ヤマト運輸公式アカウントの使い方

メッセージで依頼したい内容を送ると、自動返信で対応してくれます。

下記のようにメッセージを送信するとそれぞれ対応してもらえます。

追跡するには：「荷物どこ？」
配達日確認するには：「いつ届く？」
お届け日変更するには：「日時変更」
受取場所変更するには：「受取場所変更」
再配達依頼するには：「再配達」

依頼したい内容を送るだけで、すべてLINEのトークで完結して対応してくれます。

たとえば左の画面のように、続けて送り状の番号を入力するとお届け日時の確認ができます。クロネコヤマトを普段利用する方は是非公式アカウントを友だち追加しましょう。

HINT ショップの公式アカウントを友だち追加するとセール情報などが流れてくるので便利です。

Q.049 トークルーム内でキーワードや名前の検索はできる？

A. トーク画面の ∨ から[検索]をタップして検索できます。

トークルームでの発言が溜まると大事な発言内容を見失う可能性がありますが、検索することで簡単にメッセージが確認できます。

≫ トークルーム内の検索

トーク画面の ≡ をタップ

1 [トークを検索]をタップ

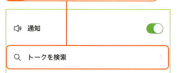

2 検索入力欄をタップしてキーワードを入力

上の画面のように該当するキーワードを発言したユーザー名と内容が表示される。また、検索を実行すると下画面のように発言している場所も表示される

Column メンバーの検索

メッセージ中のキーワードだけでなく特定のメンバーも検索できる。

1 検索入力欄に名前を入力

2 結果に表示されたメンバーをタップ

下画面のようにタップしたメンバーの発言内容が全て表示される

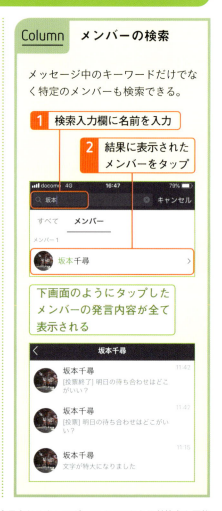

HINT 検索入力欄を選択中、キーボード上部に表示されるカレンダーアイコンから日付検索も可能。

Q.050 メールアドレスを登録するメリットは？

A. 機種変更時に必要ですし、パソコンからLINEの利用ができます

メールアドレスを登録しておくことで、パソコンからLINEを利用できます。また、機種変更を行う際にも登録が必要になります。

≫ メールアドレスの登録

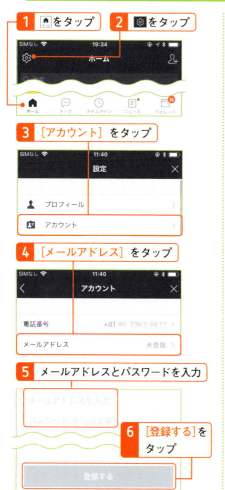

HINT　登録の必要がない場合は、不正ログインへの危険回避の為登録しないようにしましょう。

Q.051 電話番号がない端末でLINEを使える？

A. Facebookアカウントを利用すれば可能です

電話番号がない端末（データプランのみの契約や、Wi-Fiのみの契約の端末の場合）でもFacebookアカウントを持っていれば利用できます。

≫ Facebookアカウントを利用したLINEの使用方法

1 LINEアプリを立ち上げ、[はじめる]をタップ

2 [Facebookログイン]をタップ

3 携帯電話番号またはメールアドレスと、Facebookのパスワードを入力

> **Check** Facebookのアカウントがない場合
>
> Facebookアカウントがない場合は、Facebookアカウントを新規登録しましょう。(p.193参照)

電話番号がない端末でLINEを使える？　**Q051**

4 ［ログイン］をタップ

5 メールアドレスとパスワードを入力

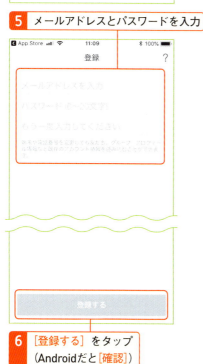

6 ［登録する］をタップ
（Androidだと［確認］）

認証用番号がメールアドレス宛に送られる

7 入力欄をタップし、認証用番号を入力

8 ［登録する］をタップ

以下のように通常通り利用できる

Q.052 パソコンやタブレットでLINEは使える？

A. アプリをダウンロードして利用しましょう

パソコンやタブレットからもLINEを使えます。Windows/macOS/Chrome用アプリでそれぞれ利用しましょう。

≫ パソコンまたはタブレットからのLINE利用

□ 事前準備

👤の設定画面の［アカウント］で［ログイン許可］のスイッチをオンにしておく

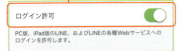

□ 利用方法

1 ブラウザでLINEの公式サイト（https://line.me/ja/）を表示

2 ダウンロードをクリック

3 使用したいアプリをクリックしてダウンロード

画面の指示に従ってインストールするとログイン画面が表示される

4 メールアドレスとパスワードを入力してログインし、利用開始

Check　メールアドレスとパスワードの登録

メールアドレスとパスワードを登録していない人はp.113を確認して登録しましょう。

ログイン後は、メッセージのやり取りをパソコンまたはタブレットから行える

HINT Chrome拡張機能アプリは、Windows/macOSのパソコンどちらでも利用可能です。

Q.053 友だちにスタンプや着せかえをプレゼントするには？

A. スタンプショップの各スタンプ画面の [プレゼントする] から行いましょう

スタンプや着せかえを友だちにプレゼントできます。ちょっとしたプレゼント感覚で贈ってみましょう。

≫ 友だちにスタンプや着せかえをプレゼント

□ スタンプのプレゼント

スタンプショップでプレゼントしたいスタンプを表示する

1 [プレゼントする] をタップ

2 プレゼントしたい相手をタップ

3 [プレゼントを購入する] をタップ

決済が行われ、相手に送られる

Check iPhoneでもプレゼントできるようになった！

以前はiPhoneでは有料着せかえをプレゼントすることはできず、無料着せかえのみがプレゼント可能でした。現在はAndroidと同じくどちらもプレゼントが可能です。

HINT 着せかえの検索は、いずれかの着せかえをタップすると表示される [着せかえショップ] の画面上に配置されている検索欄で可能です。

□ 着せかえのプレゼント

着せかえショップでプレゼントしたい着せかえを表示する

1 [プレゼントする] をタップ

2 贈る相手を選択して[プレゼントする]をタップ

3 [確認] をタップ

上記の場合は無料の着せかえなので、決済は行われずに相手に送られる

□ プレゼントをもらった側

以下画面のようなメッセージが届く

1 [受けとる] をタップ

2 [ダウンロード] をタップ

Column 有料プレゼントを受け取る時に金額は発生しない

有料のスタンプや着せかえの場合でも、相手が料金を支払ってくれているので、無料で利用できます。

HINT　イベントなどで無料で手に入るスタンプはプレゼントできません。

Q.054 既読を付けずにメッセージ内容を確認できる？

A. 既読を付けたくない時は機内モードを活用しましょう

既読を付けてしまうとすぐに返信しなければいけないという面倒さを回避できます。メッセージの確認だけはしておきたい、という場面で役に立ちます。

≫ 機内モードに設定

メッセージを確認すると「既読」マークがついてしまうのを回避します

□iPhoneの場合

1. 画面を下から上にスワイプ
2. ✈ をタップ

マークが点灯していれば機内モードがオンになっている

□Androidの場合

1. 画面を下から上、もしくは上から下にスライド

2. ✈(機内モード)をタップ

Check 機内モードが表示されない場合

Androidの場合はほとんどの端末で、下から上、もしくは上から下にスライドすることで機内モードが表示されますが、一部端末では表示されない可能性があります。その場合は、端末それぞれの設定画面を開いて、インターネットに関する設定の画面で機内モードに設定しましょう。

HINT　機内モードをオン→メッセージ確認→LINEアプリを落とす→機内モードをオフが流れです。

≫ 機内モードオンの状態でメッセージを確認

通常と同じようにトークルームを
開き、内容を確認する

届いたメッセージが確認できる

≫ 重要！　LINEのタスクを落とす

メッセージを確認したら**必ずLINEアプリを落としましょう。**

□iPhoneの場合

1 ホームボタンを2回素早くタップ

2 LINEアプリを上方向にスライド

終了したら機内モードはオフにしてOK

□Androidの場合

1 端末の■をタップ

2 LINEアプリを左右どちらかにスライド

同じく、終了したら機内モードはオフにしてOK

HINT　Androidのアプリ終了の方法は端末によって異なるので注意しましょう。

Q.055 通知で表示されるメッセージを他の人に見られないようにできる？

A. タブの設定画面からの[通知]で設定できます

LINEでメッセージを受信した際、メッセージ内容がスマホの画面上に表示されないように設定できます。他人にメッセージ内容を見られずにすみます。

≫ 通知にメッセージ内容を表示しないよう設定

メッセージを受信した際、内容がスマホの画面上に表示される為、他人にメッセージ内容が見られてしまう可能性がある

1 をタップ

2 ⚙をタップ

3 [通知]をタップ

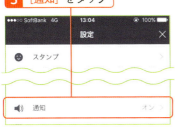

4 [メッセージ通知の内容表示]のスイッチをオフにする

設定後の通知メッセージ

トークルームを開くとメッセージが確認できる

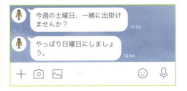

HINT ４で表示している通知の設定画面ではその他の通知に関するさまざまな設定ができます。

Q.056 LINEを他の人に見られないようにするには？

A. パスコードでロックして他の人に見られないようにしましょう

悪意を持った第三者があなたのLINEを盗み見してプライベートなやり取りが流出してしまわないよう、パスコードでロックを掛けられます。

≫ パスコードの設定

1 🏠をタップ　**2** ⚙をタップ

3 ［プライバシー管理］をタップ

4 ［パスコードロック］のスイッチをオンにする（Androidの場合はチェックを入れる）

5 4桁のパスコードを入力

以降、LINEアプリを立ち上げるたびにパスコードが求められるようになる

Check　パスコードは絶対に忘れない

設定したパスコードを忘れると、ログインできなくなります！LINEを再インストールする必要があり、これまでのデータもすべて消えてしまうので絶対に忘れないようにしましょう。

HINT　パスコードの数値に誕生日などを入れると解除される可能性が高くなるので避けましょう。

Q.057 知らない人にID検索で友だち追加されないようにするには？

A. 設定画面の[プライバシー管理]で[IDによる友だち追加を許可する]をオフにしましょう

LINE IDが流出してしまった場合、知らない人から勝手に友だち追加される可能性があるので、必要な時以外は設定をオフにしておきましょう。

≫ LINEIDによる友だち追加のオフ設定

1 🏠 をタップ

2 ⚙ をタップ

3 [プライバシー管理]をタップ

4 [IDによる友だち追加を許可]のスイッチをオフにする

Column　IDによる友だち追加を許可しないのはどんな状況？

LINE IDが流出してしまった場合、知らない人からひっきりなしに友だち追加される可能性があります。LINE IDは変更できないので、不要な友だち追加が多いと感じたら、設定をオフにしましょう。

HINT Androidだと[IDによる友だち追加を許可]をオンにする場合年齢認証が必要になります。

Q.058 友だち以外から来る迷惑なメッセージを受け取らないようにできる?

A. 設定画面の［プライバシー管理］で［メッセージ受信拒否］をオンにしましょう

友だちではないユーザーからのメッセージを受信しないように設定できます。スパム・迷惑目的でメッセージが送られてきたら設定しておきましょう。

≫ 友だち以外からのメッセージの受信のオフ設定

以降は、知らない人からのメッセージを一切受信しなくなる

Column 相手側の表示はどうなるの?

メッセージを送る側は送信はできますが、相手側にメッセージが届くことがないので、既読マークが付くことはありません。
また、設定をオフにしていると、下のような画面が相手とのトークルームに表示されます（自分の端末での表示です）。

知り合いの場合は［追加］をタップ、スパムや迷惑ユーザーだと感じたら［通報］をタップしましょう。

HINT 怪しい人なら［通報］をタップと説明しましたが、ひとまず［ブロック］でもOKです。

Q.059 迷惑行為をしてくる人にはどう対応すればいい？

A. LINEに通報しましょう

もしも、スパムや執拗な勧誘、出会いやマッチングを誘う迷惑メッセージを送ってくるユーザーに遭遇したら、LINEに通報しましょう。

≫ 迷惑なユーザーを通報

1 以下のように明らかな迷惑メッセージを受信したら［通報］をタップ

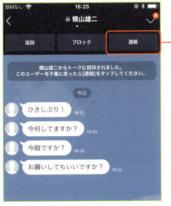

※上の画面では、通報相手は友だちではないですがメッセージを送ってくるユーザーです。

2 通報理由をいずれか選んでタップ

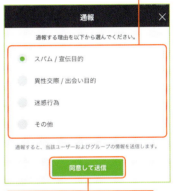

3 ［同意して送信］をタップ

Check スパム業者かどうか判断するには？

実際の友だちの場合は、自分の名前をしっかり名乗ったり、あなたの名前を正確に呼ぶはずです。
少しでも違和感を感じたらスパム業者と疑いましょう。また、日本語の文法や繋がりが少しでもおかしかったらスパム業者の可能性があるので、その場合も注意が必要です。

Column 通報するとどうなる？

通報すると、LINE運営会社に通報され、アカウント停止の検討が行われます。
また、同時にブロックすることも可能です。

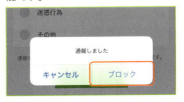

HINT　迷惑なメッセージに対して返信などしないようにしましょう。

Q.060 友だちにブロックされているかどうか確かめられる？

A. ブロックされているかどうか高い確率で確認する方法があります

LINEで友だちにブロックされているかどうかを確認する方法があります。100%の判定ではありませんが、高い確率でブロックされているかどうかを確かめられます。

≫ ブロックされているかどうかの確認方法

□ ブロックされるとどうなるの？

LINEでブロックされると、見た目上は変化はありません。
ブロックされた相手にメッセージを送る事は出来ますが、相手にはメッセージが届かないので、一向に既読にならないというのが特徴です。

□ ブロックされているか確認する方法

友だちに着せかえやスタンプをプレゼントすることで、ブロックされているかどうかを確認できます。

1 ▢ タブから［スタンプショップ］もしくは［着せかえショップ］をタップ

2 適当なスタンプや着せかえをタップ

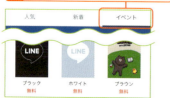

3 ［プレゼントする］をタップ

4 ブロックされているか確認したい友だちをタップ

5 ［OK］をタップ

以下の確認画面が表示された場合は、ブロックされている可能性がある

この表示は、相手がその着せかえを持っているかブロックされている場合に表示されます。明らかに相手が持っていないであろう着せかえを送った際に上の表示となった場合は、ブロックされている可能性が高いです。

HINT ブロック確認しても執拗な迷惑行為に発展しないよう冷静になるのが大切です。

Q.061 LINEのパスワードを忘れてしまった！どうすればいい？

A. パスワードを再設定しましょう

設定したパスワードを忘れてしまった場合、再設定して解決しましょう。LINE引継ぎ時やパソコンからLINEにログインする場合にパスワードが必要です。

≫ パスワードの再設定

□パスワードが必要な場面

LINEでパスワードが必要な場面は以下の2つのみです。
- LINE引継ぎ時（機種変更等）
- パソコンでLINEにログイン

□パスワードを再設定する方法

1 LINEを起動し、[パスワードを再設定]をタップまたはクリック

Check　パソコンからの操作説明です

ここではパソコンからのログイン時を例に説明しますが、スマホで操作する機種変更時も同じ操作です。

2 LINEに登録しているメールアドレスを入力

3 [確認]をタップまたはクリック

パスワード再設定用のメールが送信され、送信確認画面が表示される

4 [確認]をタップまたはクリック

HINT　機種変更やパソコンで使用するシーンがもしなければ設定は避けた方がいいでしょう。

5 メール内のURLをタップまたはクリック

下のような画面が表示される

6 新しいパスワードを入力

7 ［確認］をタップまたはクリック

下記のようなパスワード変更の確認画面が表示される

8 ［OK］をタップまたはクリック

Check 落ち着いて再設定しよう

先述の通りLINEでパスワードが必要な場面は、LINEアカウントを引継ぐ際とPCでログインする場合のみです。

パスワードが必要になった場合には、「パスワードを忘れた場合は？」というような表示が出るので、焦らず落ち着いてパスワードを再設定しましょう。p.122のパスコードのように、忘れてしまったらアカウントが引き継げない、というアクシデントは起こらないので安心してください。

タップまたはクリック

Q.062 メールアドレスやパスワードは変更できますか？

A. ホームタブの設定画面からの[アカウント]で変更しましょう

登録したメールアドレスとパスワードは変更できます。流出すると不正ログインや乗っ取りの危険性がある為、心当たりがある場合は変更しましょう。

≫ メールアドレスの変更

ホームタブの⚙をタップし設定画面を表示させる

1 [アカウント]をタップ

アカウント

2 [メールアドレス]をタップ

メールアドレス ○○○@yaho...

3 [メールアドレス変更]をタップ

メールアドレス変更

4 [新しいメールアドレス]を入力

5 [OK]をタップ(Androidの場合は[確認])

≫ パスワードの変更

「メールアドレスの変更」の**1**まで行う

1 パスワードをタップ

パスワード　　　登録完了

2 パスワードを2回入力

3 [OK]をタップ（Androidの場合は[確認]）

Check 不正ログインの可能性がある時はパスワード変更

違う端末からログインした場合は、LINEからログインを行った旨の通知がメールに届きます。心当たりがない場合は、不正ログインの可能性があるのでパスワードの変更を行いましょう。
パスワードを変更しても不正ログインの通知が続く場合は、メールアドレスも変更しましょう。

HINT iPhoneの場合は変更時にTouch IDなどの認証作業が必要です。

Q.063 LINEを使わなくなったらどうすればいいの？

A. LINEが不要になったらアカウントを削除しましょう

LINEのアカウントを削除することでLINEでのトーク履歴やLINEポイントの残高、関連アプリの情報など、LINEに関するすべての情報が削除されます。

≫ LINEアカウントの削除

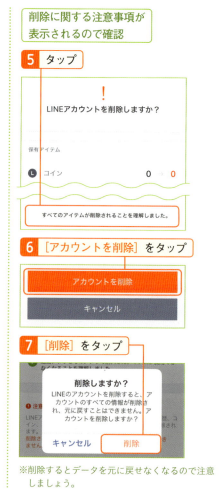

※削除するとデータを元に戻せなくなるので注意しましょう。

HINT LINEアカウントを削除するとこれまでに購入したスタンプも削除されるので気を付けましょう。

Q.064 QRコードが流出してしまったかもしれない！ どうすればいい？

A. QRコードを更新して、不審な友だち追加を防ぎましょう

不審な友だち追加が増えたら、友だち追加する際に利用するQRコードが流出してしまった可能性があります。QRコードを更新してみましょう。

≫ QRコードの更新

1 🏠 をタップ　**2** 👥 をタップ

3 [QRコード] をタップ

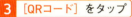

4 [マイQRコード] をタップ

4 ︙ をタップ

5 [QRコードを更新] をタップ

確認画面が表示される

6 [OK] をタップ（Androidの場合は[確認]）

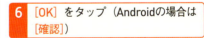

QRコードの更新が完了

7 [OK] をタップ

HINT 更新前のQRコードは使用できなくなるので気を付けましょう。

Q.065 知らない人やグループからの招待が止まらない！どうすればいい？

A. 友だち追加やメッセージ受信の設定で対応しましょう

知らない人からメッセージが送られてきたり、怪しいグループからの招待がひっきりなしに来る場合、迷惑行為を止める為に以下の点を確認し、対応しましょう。

≫ 知らない人からのメッセージや不審なグループからの招待を止める方法

□迷惑なグループからの招待とは？

迷惑なグループからの招待はいきなり来ます。

知らない人で、グループ名はいかにもお得な情報しか提供しないといったものです。

このように招待が定期的にくる場合は、あなたの友だち追加に関する情報が洩れている可能性があります。
知らない人からの友だち追加やグループへの招待を防ぐ為に、以降の3つを設定しましょう。

□ID検索で友だち追加をオフにする

🏠タブの⚙をタップして設定画面を表示する

1 ［プロフィール］をタップ

2 ［IDによる友だち追加を許可］のスイッチをオフにする

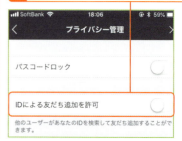

HINT 詐欺アカウントは集団で悪質な詐欺を行っている可能性が高いので絶対に参加しない。

知らない人やグループからの招待が止まらない！どうすればいい？ **Q065**

◻ 電話番号による友だち追加をオフにする

[🏠]タブの[⚙]をタップして設定画面を表示する

1 ［友だち］をタップ

2 ［友だちへの追加を許可］のスイッチをオフにする

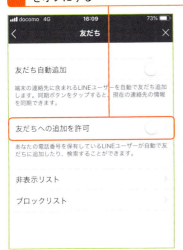

◻ 友だち以外からのメッセージを拒否する

[🏠]タブの[⚙]をタップして設定画面を表示する

1 ［プライバシー管理］をタップ

2 ［メッセージ受信拒否］のスイッチをオンにする

以上の3点を設定すれば、知らない人に勝手に友だち追加されたり、不審なグループから招待を受けることはなくなります。

今後の防止策として、友だち追加を行う際は、QRコードやふるふる機能を使いましょう。

どうしてもID検索や電話番号での追加をしてもらう必要がある場合は、これまでに設定した内容を一時的にオンに戻して、追加が終わったらすぐにオフにして使用しましょう。

HINT 詐欺かどうか確信が持てない場合は、周りの人に見てもらうか一呼吸置いて確認しましょう。

Q.066 不正ログインされているかもしれない時、どうすればいい？

A. 落ち着いて2つの必要な対応を取りましょう

主に使っているスマホと異なる端末でLINEにログインした時、ログイン通知が届きます。この通知に心当たりがない場合、不正ログインの可能性があります。

≫ 不正ログインへの対処

別端末でLINEにログインした場合、スマホに下のような通知が届きます。

> CHROMEでLINEにログインしました。
> ログイン中の端末: Chrome
> 心当たりがない場合は下記のリンクからログアウトしてください。
> line://nv/connectedDevices/
> 10:55

この通知に心当たりがない場合（別の端末でログインしていない場合）、あなたのアカウントが不正に使用されている可能性があります。冷静に以降の作業を行いましょう。

Check 通知自体が詐欺ではないか要チェック！

通知はLINEの公式アカウントから送られてきます。それ以外のアカウントの場合は悪意のある第三者なので、ログアウトのリンクをタップしたり、パスワードなどの情報を入力しないようにしましょう。
緑の盾マークが名前の横に付いているのがLINEの公式アカウントである証です。

□ 不正ログインに対する対処法

ログインに心当たりがない場合は、受け取った通知のURLをクリックしてログアウトさせましょう。

ログイン中の端末が表示される

1 ［ログアウト］をタップ

これでひとまずは安心です。ですが、さらにメールアドレスとパスワードが漏れている可能性がある為、p.129を参考に変更しておきましょう。
また、別端末でログインする機会がない場合は、次ページのようにログイン機能をオフにしておきましょう。

HINT 口座情報やクレジットカード番号が漏れた可能性も考えて冷静に対処しましょう。

不正ログインされているかもしれない時、どうすればいい？ | **Q066**

☐ 別端末からログインさせないようにする

1 ■タブの⚙から[アカウント]をタップ

2 ログイン許可のスイッチをオフにする

以上で、パソコンやタブレットなどからログインできなくなります。アカウントの不正利用の可能性がぐっと減りました。

☐ 初めて利用するパソコンでは認証番号が必要なので不正利用の可能性は低い

パソコンから初めてLINEにログインする場合、認証番号が求められるので、自分で許可しない限りは不正利用の可能性は低いです。

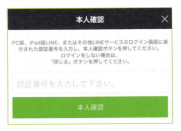

認証番号をスマホで入力することで、初めてパソコンでLINEが利用できるようになります。

ちなみに、LINEに登録しているメールアドレスでログインを試み、パスワードを間違えた場合も次のように連続して通知が届きます。

このような通知が連続で届く場合は、誰かが不正にログインしようとしている証です。直ちにメールアドレスとパスワードを変更しましょう。

HINT 口座情報やクレジットカード番号が漏れた場合の対応策はp.307を見ましょう。

Instagram

Instagramを楽しく使おう

おしゃれな写真を投稿できる！

ハッシュタグを使って投稿をアピール！

ストーリーで24時間限定の写真・動画を投稿！

素敵な写真をチェックして、流行の最先端をキャッチ！

写真や動画を投稿

さまざまなジャンルのカテゴリやハッシュタグ、場所などから検索できます。
素敵な写真や面白い動画を確認して最新の流行情報をチェックできます。

素敵な写真を検索

日常生活での出来事を写真や動画と一緒に投稿できます。ハッシュタグを付けることで投稿にしるしをつけ、共通の趣味や興味を持つ人に知ってもらえます。

≫ Instagramのおもな画面機能を紹介（上：iPhone 下：Android）

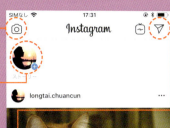

2 ストーリーに投稿できます
3 自分が投稿したストーリーをチェックできます
7 タイムラインを表示します
8 投稿を検索できます

1 ダイレクトメッセージのメニューを開きます
4 投稿に「いいね」を付けられます
5 投稿にコメントを付けられます
6 投稿したユーザーにダイレクトメッセージを送れます
9 写真や動画を投稿できます
10 自分のプロフィールを表示します

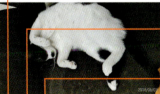

2 ストーリーに投稿できます
3 自分が投稿したストーリーをチェックできます
7 タイムラインを表示します
8 投稿を検索できます

1 ダイレクトメッセージのメニューを開きます
4 投稿に「いいね」を付けられます
5 投稿にコメントを付けられます
6 投稿したユーザーにダイレクトメッセージを送れます
9 写真や動画を投稿できます
10 自分のプロフィールを表示します

→ 他にも色んな楽しい機能が盛りだくさん！

Q.067 Instagramってどんなことができるの？

A. 美しい写真や動画を見たり投稿できます。加工も簡単に行えます

Instagramでは写真と動画を撮影・投稿したり、他の人の素敵な写真を見られます。写真を気軽に美しく加工でき、良い写真には「いいね！」で反応できます。

≫ Instagramでできること

□ いろんな人の素敵な写真が見られる

Instagramを開くと上画面のように色んな人の写真を見られます。写真として美しいもの、面白いものが多く投稿されています。

□ ハッシュタグ（#）で写真を投稿・検索

写真にハッシュタグ（#）を付けることで写真をワードで表現したり、検索が手軽にできます。また、特定のハッシュタグをフォローすることで、投稿を素早く確認できます。

□ 写真の加工

写真の雰囲気をガラリと変えられるフィルター機能があります。

□ 「いいね！」による反応

上画像は、投稿した写真に「いいね！」やコメントが付いた状態の画面です。「いいね！」や感想のコメントが付くことで楽しく利用できます。

HINT これ以外にもさまざまな機能を紹介しているので活用していきましょう。

Q.068 Instagramをはじめるには？

A. 画面に沿ってログイン情報や
プロフィールを登録していきましょう

はじめにプロフィールを登録することで、他のユーザーから見つけてもらいやすくなったり、逆に隠したい情報を管理できます。

≫ 初期設定

Instagramのアプリをダウンロードし、アプリを立ち上げる（アプリのインストール方法はLINE（p.24）を参照）

1 ［新しいアカウントを作成］をタップ

□ 電話番号で登録する場合

1 電話番号を選択した状態にしておく

2 タップして電話番号を入力

3 ［次へ］をタップ

さきほど入力した電話番号に認証コードが記載されたSMSが送信されるので確認

Instagramアプリを表示する

4 タップし、さきほど確認した認証コードを入力

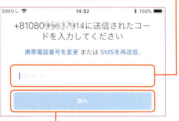

5 ［次へ］をタップ

電話番号の登録終了

HINT プロフィールは後から設定することも可能です。

□ メールアドレスで登録する場合

1 ［メール］タブをタップ

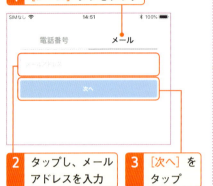

2 タップし、メールアドレスを入力

3 ［次へ］をタップ

メールアドレスの登録終了

□ 名前とパスワードの入力

1 タップして名前を入力

2 ［次へ］をタップ

3 タップしてパスワード入力

4 ［次へ］をタップ

以下の画面が表示される。ユーザーネームは自動作成される

5 ［次へ］をタップ

以下の通りInstagramの画面が表示される

Check メールアドレスの認証

メールアドレスで登録した場合、以下の手順でメール認証を行う必要があります。英文でなく日本語の場合もあります。
登録したメールアドレスに認証メールが送信されます。

［Confirm your email address］をタップして完了です。

HINT　ユーザーネームは自動作成されますが、［ユーザーネームを変更］で変更可能。

Q.069 プロフィール写真の設定方法は？

A. ◯タブ内の［プロフィール写真を変更］で設定しましょう

プロフィール画像には、自分を表すようなお気に入りの1枚を設定するのがいいでしょう。他人の写真や他人の制作物の画像は設定しないよう気を付けましょう。

≫ プロフィール写真の設定方法

Instagramを起動する

1 ◯タブをタップ

2 ［プロフィールを編集］をタップ

河野健二

「プロフィールを編集」画面が表示される

3 ［プロフィール写真を変更］をタップ（Androidの場合は［写真を変更］）

選択画面が表示される

4 ［ライブラリから選択］をタップ（Androidの場合は［新しいプロフィール写真］）

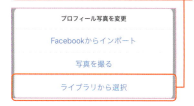

自分が保存している写真の選択画面が表示される

5 プロフィール画像に選択したい画像をタップ

6 ［完了］をタップ（Androidの場合は［次へ］を2回タップ）

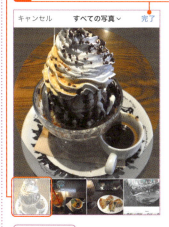

変更が完了

HINT その場でカメラで撮影した画像を指定することも可能です。

Q.070 Facebookの友達とInstagramでつながる方法は？

A. ⊙タブの≡から Facebookにログインしましょう

Facebookを利用している場合、InstagramでもFacebookの友達と簡単につながれます。Facebookの友達と親しい場合は利用してみましょう。

≫ Facebookの友達のフォロー

Facebookアプリをダウンロードしておく（p.193）

1 ⊙タブをタップ **2** ≡をタップ

右からメニューが表示される

3 ［フォローする人を見つけよう］をタップ

4 確認画面が表示されるので［続ける］をタップ

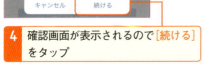

5 ［〜としてログイン］をタップ

Check IDとパスワードの入力が必要な場合も

Facebookアプリを利用していない場合は、IDとパスワードの入力が必要です。

Facebookの友達でInstagramを利用している友達が表示される

6 ［フォローする］をタップ

HINT InstagramはFacebook社が運営しているのでこのような機能があります。

Q.071 知人の名前や商品、会社名などを検索してフォローするには？

A. 🔍タブでキーワード検索しましょう

Instagramではキーワードを入力してユーザーや投稿を探す機能があるので、Instagramを利用している友達や気になる企業を検索できます。

≫ ユーザーや商品などの検索方法

1 🔍タブをタップ

2 「検索」入力欄をタップし、検索したい文字を入力

3 フォローしたいユーザーをタップ

Check ユーザーはどれ？

検索結果には「ユーザー」「ハッシュタグ」「位置情報」が表示されます。「ハッシュタグ」は名前の先頭に「#」が付いています。「位置情報」はアイコンが📍です。ユーザーを探している場合はそれら以外のものをタップしましょう。

ユーザーのプロフィール画面が表示される

4 ［フォローする］をタップ

Column 検索の絞り込み

全体検索の≡以外に、ユーザー名の👤、ハッシュタグの#、位置情報の📍のタップで検索結果の絞り込みが可能です。

HINT 位置情報をタップすると店舗などの地図が表示されます。

Q.072 連絡先から知人をフォローする方法は？

A. プロフィール画面のメニューで[フォローする人を見つける]で連絡先と連携しましょう

スマホに登録している連絡先のデータをInstagramに同期させることで、Instagramを利用している知人をフォローできます。

≫ 連絡先を利用して知人をフォローする方法

HINT　逆に知人などに知られなくない場合はアカウントを非公開（p.176）にする方法もあります。

Q.073 フォローしてくれた人（フォロワー）を確認してフォローする方法は？

A. 通知欄またはフォロワー一覧で詳細を確認してフォローできます

他のユーザーが自分をフォローしてくれると「フォロワー」の数字が増えます。フォローしてくれたユーザーをフォローし返すこともできます。

≫ フォロワーをフォローする方法（フォローバックする方法）

□ 通知からフォローする

誰かからフォローされた時、♡タブの上に通知が表示される

タップすると通知の一覧にフォローしてくれた人が表示されている

1 ［フォローする］をタップ

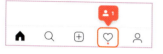

□ フォロワー一覧からフォローする

1 ◎をタップ　**2** ［フォロワー］タップ

フォロワー一覧画面が表示される

3 ［フォローする］をタップ

Check ［リクエスト済み］と表示される場合

下のように、［フォローする］をタップしても［フォロー中］と表示されず、［リクエスト済み］と表示される場合があります。

このユーザーはアカウントを非公開にしている（p.176参照）ので、相手の許可をもらわないとフォローできません。

下のように、相手側ではあなたからのフォローリクエストを受け入れるかどうかを［承認する］または［確認］ボタンがあります。

承認されると以下のように［フォロー中］と表示されます。

HINT 通知欄で相手の詳細を確認したい場合は通知欄の相手のアイコンをタップしましょう。

Q.074 迷惑行為をしてくるユーザーをブロックするには？解除方法は？

A. 相手のプロフィール画面の … から設定しましょう

迷惑行為をするユーザーはブロックしましょう。ブロックすると、相手はあなたをフォローできなくなり、投稿内容も見られなくなります。

≫ ブロックとブロックの解除方法

□ ブロックする

検索画面やフォロワー一覧画面から相手のアイコンをタップして、プロフィール画面を表示させる

1 … または ⋮ をタップ

以下の選択画面が表示される

2 ［ブロック］をタップ

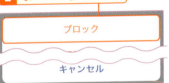

確認画面が表示される

3 ［ブロック］または［はい］をタップ

「ブロックを解除」と表記される

□ ブロックを解除する

1 ◎タブの ≡ をタップ

2 メニュー下の［設定］をタップ

「オプション」画面が表示される

3 ［プライバシー設定］の［ブロックしたアカウント］をタップ

ブロック済みアカウントが表示される

4 解除したいユーザーをタップ

suzu6437
SUZU

5 ［ブロックを解除］をタップ

「フォローする」と表記される

HINT 「ブロックする」の **2** で［ミュート］をタップすると、相手の投稿が見えなくなります。

Q.075 今人気の写真を見るには？写真の見方は？

A. 🔍タブで今人気のおすすめ写真や動画を見ましょう

人気画像や動画を手早く探せられます。投稿者をフォローすればそのユーザーの最新の投稿も素早くチェックできるのでとても便利です。

≫ おすすめ写真の見方や画面の見方

□ おすすめを見る

1 🔍タブをタップ

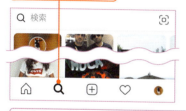

おすすめの写真や動画の一覧が表示される

Check　おすすめ写真の見方

画面上部それぞれをタップすることでカテゴリ別のおすすめ写真が見られます。
また、動画であれば▶複数枚の写真が一度に投稿されているものは▣が投稿の一覧に表示されます。

□ 写真の見方

さきほどの画面で気に入った写真をタップすると以下のように投稿の詳細画面が表示される

「1/3」は、3枚の写真があり、その内の1枚目を見ていることを表している

写真の枚数とドットの数がリンクしている

左右にスライドすることで別の写真を表示できる

HINT　ユーザー名横の［フォローする］をタップするとフォローできます。

Q.076 写真はどうやって投稿するの？

A. ⊞タブをタップして投稿しましょう

写真はあらかじめ撮影したものの中からアップロードすることや、その場で撮影したものをそのままアップロードすることも可能です。

≫ 写真の投稿方法

1 ⊞タブをタップ

画像選択画面が表示される。既に撮影している写真やイラストを選択する場合はそのまま「ライブラリ」タブを表示させる

2 選択したい画像をタップ

3 ［次へ］をタップ

Check　その場で撮影した写真を選択したい場合

画面下部の［写真］タブをタップして、カメラを起動しましょう。中央の◯をタップすると撮影されます。

また、🔄をタップするとスマホの表裏カメラの切り替えができ、⚡をタップすると撮影時にフラッシュが可能です。

HINT　動画の投稿についてはp.151で説明していますので参考にしてください。

写真はどうやって投稿するの？ **Q076**

加工画面が表示される。
詳細はp.153で説明

4 ［次へ］をタップ

新規投稿画面が表示される

5 ［キャプションを書く］をタップし、
コメントを入力

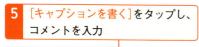

6 ［シェアする］または
［シェア］をタップ

> **Check** 他の機能について
>
> 「タグ付けする」（p.162）や「位置情報を追加」（p.163）、FacebookやTwitterへの共有（p.183）についてはそれぞれのちほど説明します。

写真が投稿され、🏠タブのタイムラインでも表示される

> **Column** アカウントを切り替えて投稿
>
> 複数アカウントを持っている場合、下の画面のようにアカウント名をタップして切り替えて投稿することも可能です。

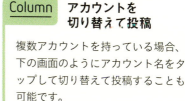

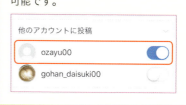

HINT ハッシュタグもこのキャプションに書きます。書き方はp.159をご覧ください。

Q.077 複数の写真をまとめて投稿するには？

A. 写真の選択画面で▣をタップして複数枚投稿しましょう

一度に投稿したい写真が複数ある場合は、10枚までまとめて投稿できます。写真1枚では投稿内容が表現できないような場合はこの機能が便利です。

≫ 複数枚の写真の投稿方法

1 ⊞タブをタップ

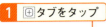

下の画面はp.148を参照し、1枚の写真を選択した状態

2 ▣をタップ

各写真のサムネイルの右上に〇が表示される

3 選択したい写真をタップ（10枚まで）

4 ［次へ］をタップ

加工画面が表示される。左右にスライドすることで選択した他の写真を確認できる

5 ［次へ］をタップ

スライド

6 キャプションを入力

6 ［シェアする］または［シェア］をタップ

投稿される。写真の右上には「1/4」と表示され、「4枚の写真の内の1枚目」ということがわかる

HINT 動画を含めて複数枚投稿するのも可能です。

Q.078 動画を投稿する方法は？

A. 写真と同じように投稿できます。再生開始位置と終了位置の調整も可能です

動画も写真と同じように編集が可能な上、動画の開始位置と終了位置を指定することや、サムネイルで表示されるカバー画像を指定できます。

≫ 動画の投稿方法

⊕タブをタップして写真・動画選択画面を表示させる。動画はサムネイル上で「0:55」など秒数が表示されている

1 選択したい動画をタップ

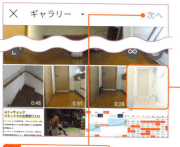

2 ［次へ］をタップ

動画の長さを調整したい場合は［長さ調整］タブをタップして調整。画面下部のサムネイル横の「＋」をタップすることで続いて再生する動画を加えることも可能（iPhoneのみ）

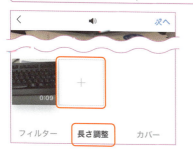

Check 動画の再生時間（長さ）の調整

再生時間とともに、動画の開始と終了のタイミングを指定できます。赤枠部分をスライドすることで開始・終了位置を直感的に動かせます。開始・終了位置が決まったら［完了］または［次へ］をタップして編集を終了です。

サムネイル画像を指定の画面に選択したい場合［カバー］タブをタップして調整。左右スライドで選択できる。終了したら画面上の［次へ］をタップ

p.149の**5**以降を操作すると動画が投稿される

HINT フィルターも写真と同じように適用させられます。

Q.079 うまく撮れなかった写真を素敵な写真に加工するには？

A. 投稿時に傾き調整や明るさ、コントラストなどを編集できます

Instagramでは写真を投稿する前に、角度や色合い、明るさなどを補正できます。細かな設定も手軽にできるので、ぜひ活用してみましょう。

≫ 画像の編集方法

⊞タブから写真を選択する

1 画面下の［編集］または［編集する］をタップ

| フィルター | 編集 |

下のような編集選択欄が表示される。左から右へスライドするとその他の項目も表示される

2 編集したい項目をタップ

調整　明るさ　コントラスト　ストラクチ

［調整］をタップすると以下のように角度や傾きが調整できる

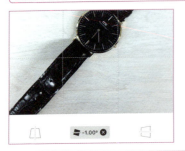

画面下の［完了］をタップで編集が完了し、編集選択画面に戻る。さらに他の編集も可能

［明るさ］をタップすると以下のように写真の明るさを編集できる

［色］をタップすると、全体の色味を色相で編集できる

編集が終わったら画面上の［次へ］をタップし、新規投稿画面を表示させる

3 キャプションを入力し、［シェアする］または［シェア］をタップ

| ＜ | 新規投稿 | **シェアする** |

　　キャプションを書く

タグ付けする　　　　　　　　　＞
位置情報を追加　　　　　　　　＞

HINT 他にも「彩度」「ハイライト」「影」「シャープ」などさまざまな編集ができます。

Q.080 写真の雰囲気を一瞬で変えられるフィルターってどう使うの？

A. 投稿時に表示されるフィルタータブの画面をタップするだけで試せます

風景写真に合うフィルターや料理の写真に合うフィルターなど、さまざまなものが用意されているので、試しながら最適な1枚を作りましょう。

≫ フィルターの使用方法

⊕タブから写真を選択する

1 画面下の［フィルター］を選択した状態にしておく

各フィルターを適応した写真が画面下部に表示される

2 左右にスライドして適当なフィルターを見つけタップ

フィルターをタップすると適用された写真が大きく表示される。以下は「Moon」を適用

3 適用したいフィルターをタップしたら［次へ］をタップ

新規投稿画面が表示されるのでキャプションを入力し、［シェアする］または［シェア］をタップすると投稿される

HINT フィルターを外したい場合は左端の「Normal」をタップして［次へ］をタップ。

Q.081 気に入った写真に「いいね!」する方法は?

A. 画面の♡をタップするか写真をダブルタップしましょう

気に入った写真には、「いいね!」ができます。良いと思った写真には「いいね!」を積極的にして盛り上げましょう。

≫「いいね!」の利用方法

□「いいね!」をする

「いいね!」したい写真の画面を表示する

1 ♡をタップ

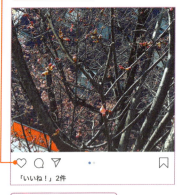

「いいね!」2件

♡が♥に切り替わる

「いいね!」3件

Check ダブルタップで「いいね!」

写真をダブルタップすることでも「いいね!」ができます。

□「いいね!」を解除する

「いいね!」を解除したい写真の画面を表示する

1 ♥をタップ

「いいね!」3件

♥が♡に切り替わる

□「いいね!」した投稿をまとめて見る

◎タブの≡をタップ

1 表示されるメニュー下部の「設定」をタップ

オプション画面が表示される

2 「アカウント」の[「いいね!」した投稿]をタップ

← 設定
支払い
「いいね!」した投稿

これまでに「いいね!」した投稿が一覧で表示される

HINT 「いいね!」は相手に通知され、自分の写真が「いいね!」された時は自分に通知されます。

Q.082 自分の投稿に付いた「いいね！」はどうやって確認するの？

A. ♡タブをタップして確認しましょう

自分が投稿した写真に対して付いた「いいね！」を確認する方法を紹介します。誰が、いつ、「いいね！」したのかわかります。

≫「いいね！」の確認方法

◻ タイムラインや投稿画面から確認する

「いいね！」されると以下のように、タイムラインや投稿画面の写真の下に「いいね！」の数が表示される

1 [いいね！〜件]をタップ

「いいね！」をしてくれたユーザー一覧が表示される

◻ 通知から確認する

1 ♡タブをタップ

「誰が」「いつ」「何を」いいね！したかを確認できる

> **Check** 通知は一定量で消える
>
> 通知は「いいね！」に限らず一定量がたまると過去の通知から消えていきます。確実に確認したい場合は投稿画面から確認しましょう。

HINT 通知には「いいね！」だけでなくコメントやフォローされたことなども確認できます。

Q.083 気に入った写真にコメントするには？

A. 投稿の 💬 をタップしてコメントしましょう

気に入った写真には「いいね！」するだけでなく、コメントを送れます。また、他のユーザーの感想やコメントも見られます。

≫ コメントの利用方法

◻ 投稿にコメントする

コメントしたい投稿を表示する

1 💬 をタップ

下のようなコメント画面が表示される

2 入力欄にコメントを書く

3 ［投稿する］をタップ

コメント欄に追加される

Check タイムライン上でも可能

上のように、🏠タブのタイムライン上なら赤枠で囲った箇所をタップでコメントできます。

◻ コメントを削除する

コメント欄をタップしてコメント画面を表示する

1 削除したいコメントを一番左までスライド

Androidの場合は長押しで［削除］またはゴミ箱アイコンをタップ

Check ゆっくりスライドでも可能

ゆっくりスライドしてゴミ箱アイコンをタップしても削除できます。

HINT　自分のコメントをゆっくりスライドして表示される、矢印アイコンをタップするとさらにコメントできます。

Q.084 自分の投稿に付いたコメントにはどうやって返信するの？

A. コメント画面を表示して返信しましょう

自分が投稿した写真に対して他のユーザーがコメントを付けてくれることがあります。このコメントに丁寧に返信することで交友関係を広げられます。

≫ コメントへの返信

コメントが付くと以下のように「コメント〜件を表示」と表記される

1 タップ

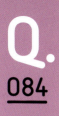

コメント画面が表示される

2 返信したいコメントの[返信する]をタップ

3 入力欄が表示されるので返信内容を入力

4 [投稿する]をタップ

Check 返信入力欄の「@ユーザーネーム」は消さない

さきほどの返信入力欄に表示される「@ユーザーネーム」は消さないように返信を入力しましょう。「@ユーザーネーム」は相手へ返信するためのワードなので、消してしまうと自分の投稿に対してのコメントになってしまいます。

以下のように返信内容が表示される

🏠タブのタイムライン上にも反映される

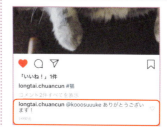

HINT 相手のコメント横のハートマークをタップすることで「いいね！」ができます。

Q.085 ハッシュタグって何？写真をまとめて見られるって本当？

A. 投稿に付けられるキーワードです。投稿が簡単にまとめて見られます

ハッシュタグを利用することで、写真を「言葉」で検索できます。例えば「#猫」と検索すれば、「#猫」のハッシュタグが付いている写真が見つけられます。

≫ ハッシュタグの検索

1 [🔍タブをタップ]

2 「検索」入力欄をタップし、「#猫」と入力

下のような検索結果が表示される

3 「#猫」と表記されている一番上の欄をタップ

下のように「#猫」というハッシュタグが付けられた投稿が表示される

下にスライドするとさらに多くの投稿が見られる

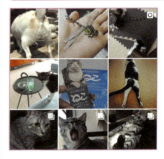

Column 投稿からハッシュタグの検索結果画面に移動

例えば「#子猫」というハッシュタグが投稿に使われている場合、タップすると「#子猫」の検索結果画面に簡単に移動できます。

HINT ハッシュタグの検索結果画面の［フォローする］をタップするとタグ自体をフォローできます。

Q.086 ハッシュタグは投稿にどうやって付けるの？

A. キャプションで「#」を先頭に入力して付けましょう

「#」をつけて写真や動画を投稿すると、ハッシュタグとして認識されます。ハッシュタグ検索をした際などに検索結果に表示されるようになります。

≫ ハッシュタグの書き方

p.149の 4 まで操作し、[キャプションを書く]をタップしてキャプション入力画面を表示させる

1 「#」に続けて写真の様子を表すワードを入力

Check 複数のハッシュタグの書き方

ハッシュタグを連続して複数記入すると、図のように半角スペースが入るので消さないようにしましょう。

- 1つ目のハッシュタグ: #猫 （#を先頭に書く）
- 2つ目のハッシュタグ: #猫寝てる （半角スペース、#を先頭に書く）
- 3つ目のハッシュタグ: #ハチワレ （半角スペース、#を先頭に書く）

Check 入力候補が表示される

ハッシュタグでワードを入力していくと、他ユーザーからも頻繁に利用されているハッシュタグが入力候補として表示されます（左画面参照）。最後まで入力しなくても該当のハッシュタグをタップすれば一瞬で入力できるので便利です。

2 ハッシュタグを入力したら[シェアする]または[シェア]をタップ

投稿にハッシュタグが表示される

HINT ハッシュタグが具体的に何なのか、利用方法などは前ページを参照してください。

Q.087 ハッシュタグをフォローするには？

A. 該当するタグを検索してタップし[フォローする]をタップしましょう

Instagramではユーザーのフォロー以外に、特定のハッシュタグのフォローも可能です。ハッシュタグをフォローすることで、的確な情報収集が可能になります。

≫ ハッシュタグのフォロー

1 🔍をタップ

2 [検索] 入力欄をタップ

検索画面が表示される

3 #をタップ

Check 投稿に付いたタグをタップでもフォロー可能

今回は検索タブからハッシュタグを探し、ハッシュタグのホーム画面からフォローしますが、投稿に表示されているタグ（青文字になっているタグ）をタップしてもハッシュタグのホーム画面が表示できます。

Column ハッシュタグ検索の絞り込み

p.143で説明したように#タブをタップして検索するとハッシュタグ検索に絞り込みできます。

HINT　ハッシュタグの検索についてはp.158を参照してください。

Q087 ハッシュタグをフォローするには？

4 検索したいハッシュタグを入力

5 検索キーを押すor検索結果一覧に表示された欄をタップ

ハッシュタグのホーム画面が表示される

6 [フォローする]をタップ

ハッシュタグをフォローするとストーリー・ホームの投稿一覧に表示される。そのため随時検索しなくても該当ハッシュタグが付いた投稿が素早く確認できる

Column　ハッシュタグの言語について

ハッシュタグには、日本語はもちろんですが、英語や他の言語も指定できます。例えば英語で指定した場合は英語圏の国々の人の投稿を見られるので、より多くの画像を見たいなら「#犬」よりも「#dogs」と指定した方がいいでしょう。逆に日本国内に絞って見たい場合は日本語の「#犬」を入力して検索し、フォローなどしましょう。

HINT ホームに表示されるのが煩わしくなった場合は **6** で[フォロー中]をタップしてフォロー解除。

Q.088 写真に写っているユーザーをタグ付けするには？

A. 新規投稿画面の［タグ付けする］から行いましょう

投稿時に写真に映っている人の名前を登録できる「タグ付け」という機能があります。登録した情報は他のユーザーにも公開され、相手にも通知が届きます。

≫ タグ付けする方法

1 ⊞タブをタップ

画像選択画面が表示される

2 画像をタップし［次へ］をタップ

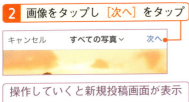

操作していくと新規投稿画面が表示される

3 ［タグ付けする］をタップ

下のような画面が表示される

4 タグ付けしたい位置にタップ

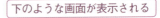

5 ［ユーザーを検索］入力欄をタップしてタグ付けしたいユーザーの名前を入力し検索

6 該当ユーザーをタップ

7 ［完了］またはチェックをタップ

タグ付けされた。［シェアする］または［シェア］で投稿

HINT タグ付けした写真をタップすると相手のアカウント名が表示されます。

Q.089 写真の撮影場所を登録するには？

A. 新規投稿画面の[位置情報を追加]をタップして追加しましょう

写真を撮影した場所を投稿したい場合[位置情報を追加]を利用します。登録した情報は他のユーザーにも公開されるので、問題ないか確認しておきましょう。

≫ 位置情報の追加方法

1 新規投稿画面を表示し、[位置情報を追加]をタップ

位置情報の検索画面が表示され、現在いる位置から近い場所が候補として表示される

2 もし該当する場所が表示されない場合は、撮影した場所の名前を入力

3 該当する場所をタップ

Check 位置情報の利用許可

位置情報に関する確認画面が表示された場合は、位置情報をInstagramが利用することを許可しましょう。

新規投稿画面に戻る

4 [シェアする]または[シェア]をタップ

アカウント名の下に位置情報が表示される

HINT 特に他の人が写真に映っている場合は、位置情報を公開していいか事前確認しましょう。

Q.090 気に入った写真を保存するには？

A. ブックマークを利用しましょう

お気に入りの写真は保存でき、自分のプロフィール画面からいつでも見られます。また、ブックマークした投稿は他のユーザーには通知も表示もされません。

≫ ブックマークの利用方法

■ ブックマークする

保存したい投稿の画面を表示する

1 🔖 をタップ

ブックマークが完了し、🔖 が ■ に切り替わる

Check　ブックマークの解除

■ をタップすると解除されます。不要になった場合はこのように解除しましょう。

■ ブックマークを見返す

◎ タブの ≡ をタップしメニューを表示する

1 ［保存済み］をタップ

「保存済み」画面が表示され、これまでに保存（ブックマーク）した投稿すべてが一覧で表示される

Check　詳細を見る

上画面で画像をタップすると、各投稿が表示されます。

HINT　「いいね！」も後で見返せますが、ブックマークは誰にも知られずに保存・管理ができます。

Q.091 保存した写真が多くて見返すのが大変！ 良い方法はある？

A. 「コレクション」でカテゴリごとに分けましょう

たくさんの写真を保存していくと見返すのに時間がかかってしまいます。そんな時は「コレクション」を利用して、写真の種類ごとに保存しましょう。

≫ コレクションの利用方法

◎タブの☰をタップしてメニューを表示する

1 ［保存済み］をタップ

2 ［コレクション］タブをタップ（または＋をタップ）

3 ［コレクションを作成］をタップ

4 コレクション名を入力

5 ［次へ］をタップ

「カレー」という名前のコレクションが作成される

画像選択画面が表示される

6 作成したコレクションで管理したい投稿をタップ

7 ［完了］をタップ（Androidの場合はチェックアイコン）

Column　さらにコレクションを追加したい場合

1まで行いブックマーク一覧画面を表示した状態で＋をタップし、**4**以降と同じ操作をすると新しいコレクションが追加されます。

HINT コレクションの各画面の右上の…または⋮をタップすると画像を追加したり削除できます。

Q.092 投稿を編集・削除または非表示（アーカイブ）にするには？

A. 投稿の […] をタップ（Androidの場合は [:]）しましょう

誤った投稿を後から修正したり消すことが可能です。編集の際には写真の変更はできませんが、タグ付け、キャプション、位置情報などの変更ができます。

≫ 投稿の編集・削除方法

■ 投稿を編集する

◎タグで投稿一覧を表示して編集したい投稿をタップ

1 […] をタップ（Androidの場合は [:]）

以下の選択画面が表示される

2 ［編集］をタップ

位置情報、タグ付け、キャプションなどが編集可能。それぞれタップすると編集できる

3 編集後、［完了］をタップ（Androidの場合はチェックマーク）

編集した内容が投稿に反映される

HINT　編集しても、これまでに付いたコメントやいいね！はそのまま残ります。

投稿を編集・削除または非表示（アーカイブ）にするには？ | **Q092**

◻ 投稿を削除する

◎タグで投稿一覧を表示して削除したい投稿をタップ

1 … をタップ（Androidの場合は ⋮ ）

以下の選択画面が表示される

2 ［削除］をタップ

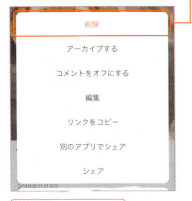

確認画面が表示される

3 ［削除］をタップ

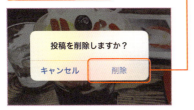

◻ 投稿を非表示（アーカイブ）にする

「投稿を削除する」の **1** まで行う

1 ［アーカイブする］をタップ

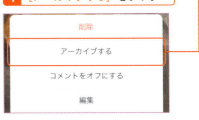

アーカイブに移動させることで他のユーザーには見えなくなる

◻ アーカイブを確認する

1 ◎タブの ☰ の［アーカイブ］をタップ

アーカイブ画面が表示される

2 ［アーカイブ］または［ストーリーズアーカイブ］をタップ

3 メニューが表示されるので、［投稿］または［投稿アーカイブ］をタップ

アーカイブに移動した投稿一覧が表示される

HINT アーカイブに移動すると投稿一覧画面からは自分も見られなくなります。

Q.093 今までに投稿した自分の写真を見るには？

A. ◎タブのプロフィール画面で一覧で見られます

タイムラインではフォローしている他の人の投稿が混じり、自分の投稿を見つけるのは難しいですが、プロフィール画面では自分の投稿だけを一覧で見られます。

≫ 自分の投稿の一覧表示

1　◎タブをタップ

今までの投稿が一覧で表示される。▦を選択している状態だと以下のように複数の投稿がすばやく見られる

▢をタップすると投稿を横いっぱいのサイズで1つずつ見られる。下にスライドすると次の投稿が見られる

👤をタップすると、他の人が自分をタグ付けした投稿が表示される

HINT　一覧に表示されている投稿をタップするとさらに詳細な画面が表示され、編集などが可能。

Q.094 24時間限定で写真や動画を投稿する「ストーリー」のやり方は？

A. ⌂タブの◯をタップして投稿しましょう

「ストーリー」とは撮影した写真や動画を24時間限定で表示できる機能です。動画は1回につき60秒撮影できます。24時間以内に別の内容で連続投稿も可能です。

≫ ストーリーの利用方法

1 ⌂タブの◯をタップ

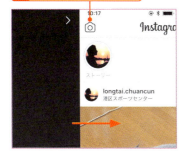

Check 右スライドでもOK
⌂タブを表示している状態で右から左へスライドでも可能です。

2 赤枠の○をタップで写真を撮影、長押しで動画を撮影（長押ししている間動画が撮影される）

Check 撮影に関する情報
Androidの場合、カメラ起動時の各メニューの配置は以下のように異なります。

画面下部を上にスライドすると端末に保存されている画像一覧が表示されます。24時間以内に撮影したものや、それ以前に撮影したものも表示され選択できます。

HINT 24時間以前の写真や動画を選択した場合、撮影した日付が写真や動画に表示されます。

撮影後に編集画面が表示される

3 画面上部のアイコンからテキストやスタンプを追加

テキストの文字入れ例

手書きメモ例

入力した文字やスタンプは、スライドによる移動や、ピンチイン/ピンチアウトで拡大縮小が可能

4 編集が終了したら［完了］をタップし［ストーリーズ］をタップ

Check　送信先で限定公開

［送信先］をタップすると特定のユーザーにのみ公開できます。

さらに24時間以内にストーリーへの投稿を繰り返すことで、複数の写真や動画がスライドショーのような形式で流れる。ストーリーの投稿が増えると、以下のようにストーリー画面上部のラインが増える

□ストーリーの確認方法

○24時間以内のストーリーを確認する

1 ⌂タブの画面上部にある自分のアイコンをタップ

○すべてのストーリーを確認する

👤タブの🕒をタップしてアーカイブを表示させるとストーリー一覧が表示される

HINT　ストーリーではライブ（リアルタイムの動画配信）なども可能です。

Q.095 ストーリーを特定の友達だけに公開するには？

A. 見せたくないフォロワーを指定して非表示にしましょう

ストーリー機能を使って写真や動画を投稿したいけれど、一部のフォロワーにしか見られたくない場合の方法を紹介します。

≫ ストーリーを見せたくないフォロワーの指定方法

⚪︎タブの☰をタップしてメニューを表示する

1 [設定] をタップ

オプション画面が表示される

2 [プライバシー設定] の [ストーリーズ] をタップ

ストーリーズコントロール画面が表示される

3 [ストーリーズを表示しない人] をタップ（※Androidの場合は [表示しない人を選択]）

フォロワー一覧が表示される

4 ストーリーを表示したくない人をタップ

5 [完了] またはチェックアイコンをタップ

この設定はすべてのストーリーに適用される。ストーリーごとに適用したい場合は、p.170の**4**で [送信先] で指定

Check ストーリーを見られるユーザーは？

ストーリーは何らかの設定をしない限りは全体に公開されます。その中で例外なのが、今回の「[ストーリーズを表示しない人] に指定したユーザー」と「ブロック（p.146）しているユーザー」です。ただし「[ストーリーズを表示しない人] に指定したユーザー」のフォローを解除すると、ストーリーが見られる状態になります。フォローを解除し、かつストーリーを見られたくない場合はブロックしましょう（p.146）。

HINT ブロックするとストーリーだけでなく通常の投稿も見られなくなるので注意しましょう。

Q.096 ストーリーを24時間過ぎても見られるようにするには？

A. 保存したいストーリーを表示して[もっと見る]から保存しましょう

ストーリーは写真や動画を投稿してから24時間経過すると消えてしまうので、ここではストーリーを保存して24時間経過後も見られるようにする方法を紹介します。

≫ ストーリーの保存方法

□ストーリーを保存する

⌂タブの上部アイコンをタップして自分のストーリーを表示する（p.170）

1 保存したいストーリー画面右下の[もっと見る]をタップ

選択画面が表示される

2 [ストーリーズを保存]をタップ（Androidの場合は[写真を保存]または[動画を保存]）

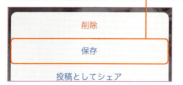

3 [ストーリーズを保存]をタップ

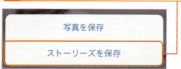

Check 写真を保存できる

前画面で[写真を保存]をタップすると、ストーリーに投稿されている写真を端末内に保存できます。

□保存したストーリーを確認する

1 👤タブの☰の[アーカイブ]をタップ

2 画面上部の[アーカイブ]（Androidの場合は[ストーリーズアーカイブ]）をタップ

3 表示されたメニューの[ストーリーズ]をタップ

保存したストーリーが一覧で表示される

HINT 保存できるストーリーは自分の投稿したストーリーのみです。

Q.097 指定したユーザーに個別にメッセージや写真を送るには？

A. ⌂タブの▽をタップしてダイレクトメッセージを利用しましょう

ダイレクトメッセージを利用することで、指定した相手と1対1のメッセージや写真の送受信を行えます。個別に連絡が取りたい場合などに使いましょう。

≫ ダイレクトメッセージの利用方法

☐ メッセージを送信する

グループのホーム画面を表示する

1 ⌂タブの▽をタップ

「Direct」画面が表示され、これまでメッセージのやり取りをしたユーザーが表示される

2 はじめてやり取りを行うユーザーの場合は＋をタップ

Check すでにやり取り済みのユーザーは？

すでにやり取り済みのユーザー一覧に表示されているユーザー欄をタップするだけでOKです。

3 検索キーワード入力欄をタップし相手の名前を入力

4 検索結果が表示されるので該当ユーザーをタップ

Check プロフィール画面からも送信可能

メッセージを送りたい相手のプロフィール画面の［メッセージ］をタップしても送信できます。

メッセージをやり取りできる画面が表示される

5 ［メッセージを送信...］をタップしメッセージを入力し、［送信］タップ

HINT 相手とやり取りする画面の📹をタップするとビデオチャットも可能です。

□ 端末に保存された写真や動画を送信する

「メッセージを送信する」の **4** まで操作

1 メッセージ欄横の 🖼 をタップ

画面下に画像一覧が表示される

2 送信したい写真または動画をタップ（複数選択可能）

3 ［送信］をタップ

以下のように写真や動画が送信される

□ その場で撮影した写真や動画を送信する

「メッセージを送信する」の **4** まで操作

1 メッセージ欄横の 📷 をタップ

カメラが起動する

2 写真を撮りたい場合は画面下中央の○をタップ。動画を撮影したい場合は長押し

撮影後、画面下が以下のような表示になる

3 ［送信］をタップ

□ メッセージに「いいね！」する

1 相手から送られてきたメッセージや写真などをダブルタップ

HINT　メッセージ送信欄の♡をタップすることで「いいね！」単体も送信できます。

Q.098 プッシュ通知やメール通知の設定を変更するには？

A. オプション画面で［プッシュ通知］または［メールまたはSNS］で設定しましょう

いいね！やコメントなどに関する通知の設定ができます。通知の量が多く煩わしく感じた場合は、知りたい情報のみ通知されるように変更しましょう。

≫ 通知の設定方法

□ プッシュ通知を設定する

◎タブの≡をタップしてメニューを表示する

1 メニュー右下の［設定］をタップ

オプション画面が表示される

2 ［お知らせ］をタップ

プッシュ通知設定画面が表示されるので設定

Check おすすめの通知設定

初期設定では、「いいね！」やコメントなど含めたほぼすべてのアクションに対して通知が届くようになっています。これを［フォロー中の人］のみにすると、ある程度通知が減るのでおすすめです。

□ メール通知を設定する

「プッシュ通知を設定する」の**2**まで操作する

1 ［メールまたはSMS］をタップ

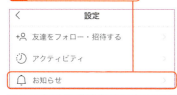

メールで通知されるお知らせを設定できる

HINT プッシュ通知設定画面で［プッシュ通知をミュート］を設定するとミュートする時間を選択できます。

Instagram｜プライバシー｜アカウントの公開制限

Q.099 フォロワーだけにアカウントを公開するには？

A. オプション画面の［アカウントのプライバシー設定］で設定しましょう

自分の投稿した内容をフォロワーだけに公開する方法を紹介します。この設定を行うことで、フォロワー以外のユーザーにはあなたの投稿は見えなくなります。

≫ アカウントの非公開設定

□ アカウントを非公開にする

◎タブの≡をタップしメニュー表示する

1 ［設定］をタップ

オプション画面が表示される

2 ［プライバシー設定］の［アカウントのプライバシー設定］をタップ

下の画面が表示される

3 ［非公開アカウント］のスイッチをオンにする

以下のようにスイッチがオンとなり、フォロワー以外には投稿が非公開になる

□ フォローを確認（承認）する

非公開の状態でフォローされると、いったん保留される

1 プロフィール画面から「フォロワー」一覧画面を表示させ、［フォローリクエスト］をタップ

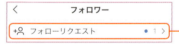

2 フォローされてもいいユーザーなら［承認］をタップ

［フォローする］に切り替わる

> **Check　Androidの場合**
> 確認画面が表示されるのでOKをタップしましょう。

HINT　非公開アカウントをフォロー申請する側の操作はp.145を見てください。

Q.100 登録しているメールアドレスや電話番号の変更方法は？

A. タブの [プロフィールを編集] から変更しましょう

Instagramに登録しているメールアドレスや電話番号の変更方法を説明します。電話番号を設定する場合、SMSを受信できる電話番号が必要なので注意しましょう。

≫ メールアドレス・電話番号の変更方法

ロ メールアドレスを変更する

タブの [プロフィールを編集] をタップして編集画面を表示する

1 [メール] または [メールアドレス] をタップ

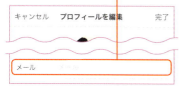

2 新しいメールアドレスを入力

3 [完了] またはチェックアイコンをタップ

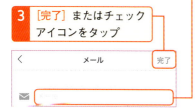

変更後のメールアドレスにメールを送った旨が表示される

4 [OK] をタップ

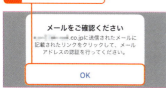

届いたメールに記載されているURLをタップすると確認画面が表示される

5 [OK] をタップ

ロ 電話番号を変更する

「メールアドレスを変更する」の**1**で[電話番号]をタップし下の画面を表示する

1 電話番号を入力

2 [次へ] をタップ

入力した電話番号宛てにSMS（ショートメッセージ）で認証コードが送られてくる

3 認証コードを入力

4 [完了] をタップ

HINT SMSが届かない場合はSMSが国際メール受信拒否の状態の可能性があるので変更しましょう。

Q.101 パスワードを変更するには？パスワードを忘れてしまったら？

A. オプション画面から変更しましょう。忘れてしまった場合も再設定できます

パスワードはオプション画面からいつでも変更できます。Androidでは現在のパスワードをもし忘れてしまった場合でもフェイスブックと連携することで変更が可能です。

» パスワードの管理方法

□ パスワードを変更

◎タブの≡をタップしてメニューを表示させる

1. ［設定］をタップ

オプション画面が表示される

2. ［セキュリティ］の［パスワード］をタップ

パスワード画面が表示される

3. タップして現在のパスワードを入力

4. タップして新しいパスワードを入力

5. ［保存］またはチェックアイコンをタップ

□ Facebookリセットでパスワードを変更（Androidのみ）

1. 「パスワードを変更」の 2 まで行い［Facebookでリセット］をタップ

Facebookログイン画面が表示される

2. ログイン情報を入力

3. ［ログイン］をタップ

パスワードを変更画面が表示される

4. 新しいパスワードを入力し、チェックボタンをタップ

HINT FacebookによるリセットはFacebookと連携したアカウントである必要があります。

パスワードを変更するには？ パスワードを忘れてしまったら？ Q101

以下のような画面が表示される

5 ［〜としてログイン］をタップ

7 ログイン情報を入力し［ログイン］をタップ。パスワードはさきほど設定した新しいパスワードを入力

□ パスワードを忘れた場合

ログイン画面を表示する

1 ［パスワードを忘れた場合］をタップ（Androidの場合［ログインに関するヘルプ］）

Check 以下のようなエラー画面が表示された場合

以降の操作をすればOKなので、あわてずに［閉じる］をタップしましょう。

ログイン画面が表示される

6 ［ログイン］をタップ

2 登録しているユーザーネームまたはメールアドレスを入力

3 ［ログインリンクを送信］をタップ

Check 電話番号での送信

上画面で［電話番号］タブをタップして登録している電話番号を入力し、ログインリンクを送信することも可能です。

HINT エラー画面は端末によって表示される内容が異なりますが閉じればOKです。

登録しているメールアドレスまたは電話番号のSMS宛にメールが届く

4 ［〜としてログイン］をタップ

アプリを開くとログイン状態になるが、パスワードのリセットが必要なので以下操作を行う

5 **4**で受信したメール下部に記載されている［Instagramのパスワードをリセット］をタップ

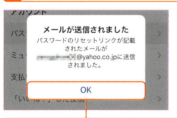

6 確認画面が表示されるので［OK］をタップ

下画面のようにリセットリンクが記載されたメールがメールアドレスまたは電話番号のSMS宛に届く

7 ［Reset Password］をタップ

パスワードリセット画面が表示される

8 新しいパスワードを2回入力

9 ［パスワードをリセット］をタップ

そのまま使用してもエラーが出るのでp.182を参照して一度ログアウトする

再設定したパスワードでログインし直すと通常通り使用できる

HINT 画面と操作手順が異なる場合は画面に従って操作していきましょう。

Q.102 アカウントは複数使える？

A. オプション画面でアカウント追加しましょう。切り替えも簡単にできます

複数のアカウントを手軽に利用できます。例えばたくさんの人と交流する公開用と、特定の友達とのみ交流するプライベート用などに分けるといいでしょう。

≫ 複数のアカウントの利用方法

□ 複数のアカウントを登録する

◯タブの ≡ でメニューを表示する

1 メニュー右下の［設定］をタップ

オプション画面の一番下までスライド

2 ［アカウントを追加］をタップ

ログイン
アカウントを追加

ログイン画面が表示される

3 ログイン情報を入力し［ログイン］をタップ

□ 複数のアカウントを切り替えて利用する

1 画面上部のアカウント名をタップ

下のようなメニューが表示される

2 切り替えたいアカウントをタップ

タップしたアカウントに切り替わった状態で操作できるようになる

Check アカウントの新規登録をしたい場合

［登録はこちら］または［登録］をタップしましょう。

Check さらにアカウントを追加

下部の［アカウントを追加］からさらにアカウントを追加できます。

HINT 投稿するアカウントを間違える可能性も発生するので十分注意しましょう。

Q.103 Instagramからログアウトするには？

A. オプション画面の画面下からログアウトをタップして実行しましょう

複数アカウントを所持している場合、アカウントを間違えて投稿するのを防ぎたい場合は、メイン以外のアカウントをログアウトしてしまうという活用法が有効です。

≫ ログアウトの方法とログイン情報の保持方法

◎タブの≡をタップしてメニューを表示する

1 表示されたメニューの[設定]をタップ

2 [ログアウト]をタップし、ログアウトしたいアカウントを選択して[ログアウト]をタップ

ログイン情報記憶確認画面が表示される

3 [保存]をタップしログアウト

☐ ログイン情報の保存をする

セキュリティ画面を表示する

1 [ログイン情報を保存]をタップ

2 [ログイン情報を保存]スイッチをオンにする

Check すべてのアカウントからログアウト

上画面のように、複数アカウントを所持していた場合にすべてのアカウントからログアウトできます。

HINT ログイン情報を保持しておくと、ログイン時にパスワード入力が必要ありません。

Q.104 FacebookやTwitterでも同時に投稿するには？

A. 新規投稿画面で各スイッチをオンにして投稿しましょう

Instagramに写真を投稿する際に、同時にTwitterやFacebookにも投稿できます。片方いずれかのみの同時投稿も可能です。

≫ Facebook、Twitterへの同時投稿の方法

p.148を参照して新規投稿画面を表示する

1 同時投稿したいSNSのFacebook、Twitterのスイッチをオンにする

オンにすると以下のように確認画面が表示される

2 ［続ける］をタップ

Facebook、Twitterそれぞれでログインを行う

以下のようにスイッチがオンになっていれば同時投稿可能な状態になる

3 ［シェアする］をタップ

FacebookやTwitterで同時投稿される

HINT Facebookには内容がそのまま投稿されますが、Twitterはリンクがツイートされます。

Q.105 Instagramに投稿した写真をLINEの友達に送るには？

A. ［リンクをコピー］でコピーしたリンクをLINEで送信しましょう

Instagramに投稿した写真をLINEの友達に見てもらう方法について紹介します。投稿した写真のリンクを、LINEで送るという方法です。

≫ Instagramの写真をLINEの友達に送る

写真の投稿画面を表示させる

1 …をタップ（Androidの場合は︙）

選択画面が表示される

2 ［リンクをコピー］をタップ

メッセージ「リンクがクリップボードにコピーされました」と表示される

LINEアプリを立ち上げ、トーク画面を表示させる（p.50参照）

3 ［メッセージを入力］欄をロングタップ

4 表示される［ペースト］または［貼り付け］をタップ

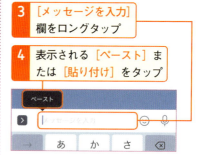

リンクが入力欄に貼り付けられる

5 ▶をタップ

下のようにリンクが貼り付けられる

HINT LINEだけでなくFacebookなどでも同様のことが可能です。

Q.106 広告を非表示にするには？

A. またはをタップして非表示にしましょう

Instagramで他のユーザーの投稿写真を見ていると、投稿写真に混じって広告が表示されることがあります。不必要な広告は広告ごとに非表示にできます。

≫ 広告の非表示設定

他のユーザーの投稿写真に混じって広告が表示されることがある。広告の場合はユーザー名の下に「広告」と記載されている

1 …をタップ（Androidの場合は）

下のような選択画面が表示される

2 ［広告を非表示にする］をタップ

下のような選択肢が表示される

3 理由を選択しタップ

広告は以降非表示になる。他の広告が邪魔な場合は広告ごとに同じように非表示にする

HINT 広告の他におすすめユーザーなどが表示されることもあります。

Q.107 他に便利な機能はある？

A. 通信量に制限をかけたり翻訳できます

Instagramでは写真や動画などデータ使用量の多いコンテンツを送受信するので通信量に制限をかけたり、他言語の投稿文章をその場で翻訳することなどが可能です。

≫ データ使用量を軽減させる

◎タブの≡でメニューを表示する

1 メニュー下部の［設定］をタップ

オプション画面が表示される

2 ［アカウント］の［モバイルデータの使用］をタップ

3 ［データ使用量を軽減］のスイッチをオンにする

≫ 投稿テキストの翻訳

翻訳したい投稿やプロフィールなどを表示させる

1 ［翻訳を見る］をタップ

文章が日本語に翻訳されて表示される

HINT 翻訳機能は完全に翻訳されるわけではありませんがある程度の精度があります。

Q.108 アカウントを削除するには？

A. オプション画面からヘルプセンターを表示して削除しましょう

不要なアカウントは削除できます。ただしそれまでに投稿した写真・動画も消えてしまい、アカウントも復旧できないので注意しましょう。

≫ アカウントの削除方法

◎の≡からメニューを表示する

1 メニュー下部の［設定］をタップ

オプション画面が表示される

2 ［ヘルプ］の［ヘルプセンター］をタップ

ヘルプセンター画面が表示される

3 ヘルプセンター画面の［アカウントの管理］をタップしてさらに［アカウントの削除］をタップすると下画面が表示されるので［自分のアカウントを削除するにはどうすればよいですか。］をタップする

詳細ページに移動するので下にスライド

4 ［[アカウントを削除]ページ］をタップ

アカウントを削除画面が表示される

5 ［アカウントを削除する理由］をタップし該当する理由をタップ

6 パスワードを入力

7 ［アカウントを完全に削除］をタップ

確認画面が表示される

HINT Androidの場合削除直前にログイン情報の再度入力を求められます。

Facebookを楽しく使おう

近況やイベントを投稿できる！

イベントを企画してメンバーを募れる！

グループを作成して交流できる！

企業アカウントを作成して情報を発信できる！

近況を投稿する

プライベートな近況報告やイベント、ビジネスに関する投稿ができます。
写真や動画はもちろん、GIF画像も投稿できます。
投稿の背景や文字も自由に設定できるのでシーンに合わせた投稿が可能です。

グループ作成/イベント企画

共通の趣味や出身学校、所属会社などでグループを作成して交流したり、企業の公式ページを作成してユーザーに対して情報を発信できます。

≫ Facebookのおもな画面の機能を紹介 (上：iPhone 下：Android)

- 1 カメラを起動し写真や動画を撮影します
- 2 投稿や友達を検索して探せます
- 3 投稿できます
- 4 投稿に対したいいねができます
- 5 投稿に対してコメントができます
- 6 投稿をシェア（再投稿）できます
- 7 フィードを表示します
- 8 友達を探せます
- 9 自分に対する通知を確認できます
- 10 オプションメニューを表示します

Facebook

→ 他にも色んな楽しい機能が盛りだくさん！

Q.109 Facebookってどんなことができるの？

A. オフィシャルな近況を投稿したり、メッセンジャーも使用できます

日本国内ではビジネスシーンで利用する人が多く、実名での登録が必須となっているので、友人や知人との交友関係も広がるのが特長です。

≫ Facebookでできること

□近況の投稿

近況や思ったことなど自由に投稿できます。写真や動画も投稿できます。

投稿に対して「いいね！」を付けたりコメントを付けることでユーザー同士で交流を図れます。

写真や動画を投稿して最近あった出来事やイベント、活動、結婚やお祝いごとなどのオフィシャルなイベントを友達に知らせられます。

文章、写真、動画を投稿してFacebookの友達と交流しましょう。

HINT Facebookはビジネスマンにとっては欠かせないサービスとも言えるでしょう。

🗹 グループ作成

趣味や出身学校など特定のくくりでグループを作って交流できます。

🗹 イベント企画

飲み会や同窓会、オフ会などを企画して友達に知らせられます。

イベントにはイベント日時や場所を設定できるだけでなく、イベントの参加・不参加も一斉に聞けられます。オフィシャルな集まりが主なFacebookの特長を最大限に活かせる機能です。

🗹 アルバム作成

写真や動画をアルバムに保存して、Facebookの友達同士で共有/閲覧できます。

アルバムごとに公開設定を変更できるので、Facebookの友達全員に共有したい場合も、自分のみで管理したい場合も、どちらの場合でも利用できます。

HINT　このようにLINEに似たシステムもあるので扱いやすいです。

☐ Messengerでチャット/通話/ビデオ通話

Facebookの友達同士でテキストチャット、音声通話、ビデオ通話ができます。

LINEのように扱えるので、日常やビジネスシーンでLINEの代わりに使用される事も多いです。
LINEはプライベート、Facebookはビジネスで利用するという切り分けもおすすめです。
また、Messengerでのメッセージにはラインと同じように文章のやり取りだけでなく、いいね！ のアイコンやその他のアクションアイコン、絵文字、録音音声などが送信できます。

☐ 企業/サービスページ作成

個人のページとは別に、企業の紹介ページや、飲食店などの店舗の紹介ページを作成してアピールできます。

企業や店舗を経営している人には、宣伝として大変有用なサービスです。特に小さなベンチャー企業や個人経営の店舗などは、同時に自分のアカウントも作成していれば自分の人柄も見せることができるので、ユーザーに安心感を持たせられるでしょう。
本書では詳しく説明しませんが、Facebookのヘルプセンターなどで調べてみるといいでしょう。

HINT Messengerは受信のたびに通知もしてくれるので便利です。

Q.110 Facebookをはじめるには？

A. Facebookのアカウントを登録しましょう

Facebookを利用開始する為にはアカウント登録を行う必要があります。必要情報を入力して、登録作業を行いましょう。

≫ アカウントの登録

Facebookアプリをインストールし、アプリを立ち上げると以下のような画面が表示される（アプリのインストール方法はLINE（p.24）を参照）

1 ［Facebookに登録］をタップ（Androidの場合は［Facebookアカウントを作成］）

下のような画面が表示される

2 ［登録］をタップ（Androidの場合は［次へ］）

氏名入力画面が表示される（Androidの場合は先に性別選択画面が表示される）

3 入力欄をタップして入力（実名を入力するのがおすすめ）

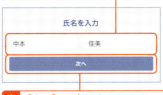

4 ［次へ］が表示されるのでタップ

生年月日選択画面が表示される

5 生年月日の選択肢から該当する日時をタップすると［次へ］が表示されるのでタップ

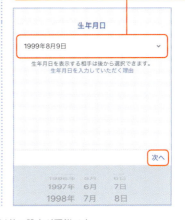

HINT　性別の選択については後から女性・男性以外の設定が可能です。

性別選択画面が表示される

6 いずれかを選択し［次へ］をタップ

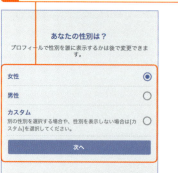

7 入力欄に認証用の携帯電話番号を入力して［次へ］をタップ

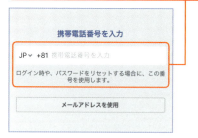

> **Check 携帯電話番号でもOK**
> 携帯電話番号を認証として使用したい場合は、上画面の［メールアドレスを使用］をタップしましょう。

8 入力欄にパスワードを入力し、［次へ］をタップ

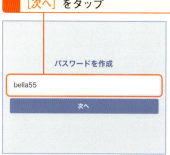

登録完了画面が表示される

9 ［登録］をタップ（Androidの場合は［登録する］）

下のような画面が表示される。ここでは後で設定するためスキップ

10 ［後で］をタップ

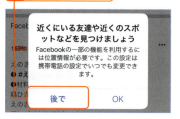

Facebookのホーム画面が表示される

HINT　もしも本書と実際の画面の動作が異なる場合は、画面の指示通りに操作しましょう。

Facebookを | **Q110**

プロフィール写真の追加画面や友達を検索画面が表示されるが、本書では後で設定

11 ［スキップ］をタップ

認証画面が表示される

12 登録したメールアドレス、または携帯電話番号ならSMSに送られてくる認証番号を入力し、［送信する］をタップ

Check　認証の際に困った時

メールが届かない場合は［メールを再送信］、再送信してもメールが届かなかった場合は確実に受信できるメールアドレスに変えるため［メールアドレスを変更］、SMSではなく電話で認証したい場合は［電話で認証］をタップしましょう。

HINT　日々少しずつ操作内容は変更されますが大きく変更されることはほとんどありません。

Q.111 プロフィール写真やカバー写真はどうやって設定するの？

A. プロフィール画面からそれぞれ設定しましょう

写真には自分の顔写真を利用するのがおすすめですが、誰でも閲覧できるので見られてもいい写真を使用するようにしましょう。

≫ プロフィール写真の設定

1 ⦿をタップ

2 プロフィール写真のアイコンをタップ

3 [プロフィール写真または動画を選択]をタップ

4 iPhoneの場合、[アクセスを許可]をタップすると、写真の一覧が表示される

5 プロフィールに設定したい写真を選択し、[保存]をタップ（Androidの場合は[保存する]）

> **Check　Androidでの選択肢**
> Androidでは[プロフィール写真を選択]をタップしましょう。

HINT　まだ設定していないプロフィールなどがあると設定をすすめる画面が頻繁に表示されます。

プロフィール写真やカバー写真はどうやって設定するの？ | Q111

≫ カバー写真の設定

「プロフィール写真の設定」の 1 まで行う

1 ［カバー写真］（Androidの場合は［編集］）をタップ

2 いずれかの選択肢をタップし、画像を設定

3 カバー写真をドラッグして位置を調整

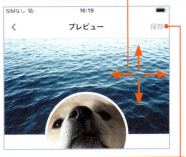

4 ［保存］をタップすると設定完了

プロフィール写真とカバー写真が設定される

Check 表示される画面が異なる？

◎タブをタップすると上のような画面が表示される場合があります。写真だけ設定したい場合は×をタップ、続けて［停止］をタップしてそれぞれの操作を行いましょう。

Column 選択肢の説明

［写真をアップロード］では、端末内の写真を設定できます。［Facebookの写真を選択］では、自分のアカウントでFacebookに投稿されている写真をカバー写真として選択できます。

HINT カバー写真には例のように背景画像などイメージを伝える画像を使用しましょう。

Q.112 友達に見つかりやすくするためには？

A. 勤務先や出身学校、住んでいる大まかな場所などを設定しましょう

実際の知人・友人に自分だと認識してもらいやすくする為、勤務先や出身学校などの情報を充実させましょう。

≫ 勤務先や出身学校などの設定

1 ⊙をタップ

2 ［プロフィールを編集］をタップ

3 スクロールし、［詳細］の［追加］をタップ

下のような詳細画面が表示される

4 ［勤務先を追加］をタップ

Check 図示するアイコンについて

上の **1** で示しているアイコンは非選択状態のアイコンの表示です。選択状態であればタップする必要はありません。

HINT 知人との繋がりを広く持ちたい場合は、プロフィールをしっかりと登録しましょう。

5 現在の勤務先の名前をタップして入力

6 入力すると候補が表示される

7 左下の地球儀のアイコンをタップして公開範囲を選択

8 ［保存］をタップ

Check 公開範囲について

非公開や友人のみに公開したい場合はこちらから選択しましょう。

出身高校や大学、出身地についても同じように操作して設定する。公開範囲もそれぞれ設定できる。チェックを入れて［保存する］をタップして完了

HINT あなたのことを認識してもらう為には、情報を正しく入力することが大切です。

Q.113 旧姓は登録できる？

A. ≡タブから［プロフィールを編集］で登録しましょう

結婚や離婚などで名字の変更経験がある人は、登録しておくことで旧姓時代の友達と繋がりやすくなります。

≫ 旧姓の登録方法

1 ≡タブをタップ

2 ［プロフィールを表示］をタップ

3 ［プロフィールを編集］をタップ

4 スクロールし、［基本データを編集］をタップ

Check ≡タブについて
≡タブではプロフィールだけでなく、通知の設定やアカウント管理などの細かな設定が可能です。活用しましょう。

HINT 特に結婚前などの旧姓は学生時代の知人が検索しやすくなります。

| Q113 旧姓は登録できる？

5 [ニックネームや生まれた時の名前を追加] をタップ

前の操作で、「プロフィールのトップに表示」にチェックを入れると、旧姓も常に他の人が確認できるようになる

6 「名前のタイプ」の横のワードをタップして選択肢から [旧姓] をタップ

7 名前に旧姓を入力

旧姓が登録され、プロフィールに表示される

Check 旧姓以外も設定できる

旧姓以外にも、ニックネームや別の綴り（社会生活では使用していない常用漢字以外の漢字など）も設定できるので、Facebookの利用目的に合わせて登録しましょう。

8 [保存] をタップ

HINT 離婚した場合は基本は現在の名字を設定し、結婚後の名前として結婚時の名前を設定しましょう。

Q.114 Facebookに登録している知り合いと友達になるには？

A. 知り合いを検索し、友達申請しましょう

Facebook上で知り合いを探して友達申請をして繋がることで、お互いに連絡を取り合ったり、投稿を閲覧できるようになります。

≫ 知り合いを検索して友達申請

1 ページ上部の検索枠をタップし、友達申請をしたい人の名前を入力

検索候補が表示される

2 合致する知り合いの名前などがなければ［〜に一致する検索結果］をタップ

カテゴリごとに検索結果が表示される

3 ［ユーザー］の［すべて表示］をタップ

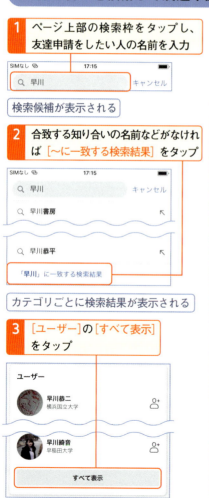

人物に絞った検索結果が表示される。［友達の友達］や［市区町村］で絞り込みも可能

4 友達を見つけたらタップし、移動した画面で［友達になる］をタップ

HINT フィルターをタップすることでまとめて絞り込みもできます。

≫ 友達申請の承認

友達申請を受けた側では、👥タブで以下のように通知される

1 ［承認］をタップ

承認されたら、友達申請が承認された旨の通知が届く

> **Column** 検索の精度の高さ
>
> Facebookでは自分の登録情報や他の友達の登録情報を基に、関連のありそうなユーザーから順に表示してくれるので、比較的簡単に知人を見つけられます。
>
>
>
> 例えば名字だけで検索しても、自分の知り合いが上位に多く表示されます。

Check 知らない他人の場合は「削除」

友達申請（友達リクエスト）に表示されているユーザーが知らない他人だった場合は **1** で［削除］をタップしましょう。知人などでなければむやみに承認するのは避けた方がいいでしょう。

HINT 検索結果に表示される👥をタップすることでも友達申請できます。

Q.115 連絡先から友達を見つけられる？「知り合いかも」とは何？

A. タブからの ＋ タップで表示される「連絡先」から見つけられます

連絡先からFacebook上の友達を検索して友達申請できます。「知り合いかも」にはその名の通り知り合いかもしれないユーザーが表示されます。

≫ 連絡先から友達申請

1 [メニュータブ]をタップして[設定とプライバシー]の[設定]をタップ

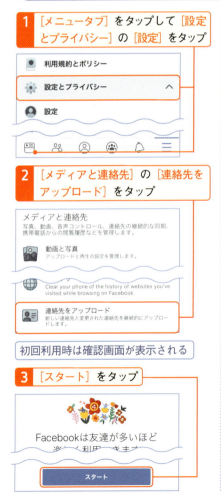

2 [メディアと連絡先]の[連絡先をアップロード]をタップ

初回利用時は確認画面が表示される

3 [スタート]をタップ

4 [OK]をタップ

初回利用時には連絡先へのアクセス許可の確認画面が表示される

5 [OK]をタップ

連絡先情報とFacebookの登録情報が一致するユーザーが一覧で表示される。知り合いを見つけたら、[友達になる]をタップして友達申請を送る

HINT ❶で表示される画面の一覧から特定の誰かを非表示にしたい時は[削除する]をタップ。

≫「知り合いかも」から友達申請

😀 をタップすると、Facebookでの交流履歴や連絡先、友達の友達の情報などを基に自動的に「知り合いかも」しれないユーザーが表示されます。

実際に知り合いだった場合は、「知り合いかも」の欄から**[友達になる]**をタップして友達申請を行うといいでしょう。

≫ 友達をFacebookに招待する

Facebookに参加していない知り合いをFacebookに招待する

1 [プロフィールタブ] をタップし [...] をタップ

2 [リンクをコピー] をタップすると、自分のFacebookのURLがコピーされるのでこれをメールなどで相手に送る

HINT 「知り合いかも」はある程度自分の情報や連絡先を追加していないと表示されません。

Q.116 本当に知り合いなのか確認する方法は？

A. プロフィール情報から本当に知り合いかどうかチェックしましょう

Facebookで友達申請または承認する場合は、相手の情報をしっかりと確認しましょう。

知り合いかどうか確認する必要性と確認方法

知り合いを検索した場合や友達申請が送られて来た際、名前やアイコン画像だけで判別しきれない場合があります。そんな時はしっかりとプロフィールをチェックしましょう

①	職歴：現在の勤務先と、過去の勤務先
②	学歴：出身校
③	住んだことがある場所：現在の居住地と、これまでに住んだことがある場所
④	基本データ：性別など

□ 文字情報からの確認方法

□ 写真一覧からの確認方法

友人や家族の写真が投稿されていれば知り合いの確率が高い

ラーメンまとめ

共通の友人だけに絞って写真の確認も可能

HINT 知人以外を承認した場合、公開範囲が友達のみの内容を見られてしまう可能性があります。

Q.117 誤って友達に登録した人を削除するには?

A. タブからの ➕ タップで表示される「友達」に移動して削除しましょう

全く知らない人に対して友達リクエストを送信して友達になってしまった場合など、誤って友達になってしまった人を友達から削除できます。

≫ 友達から削除

1 タブの[すべての友達]をタップ

2 友達を解除したいユーザーの[…]をタップ

3 [~さんを友達から削除]をタップ

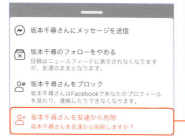

最終確認画面が表示される

4 [承認]をタップ

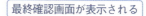

下画面のように友達から削除される

Column タイムラインも表示されなくなる

友達から削除すると、対象のユーザーのタイムラインも表示されなくなります。

HINT 他の何らかの理由で友達から削除したい場合もこのように操作しましょう。

Q.118 知らない人から友達リクエストが来たけどどうすればいいの？

A. 知らない人からの友達リクエストは断わり、以降来ることのないよう設定しましょう

知らない人から友達リクエストが来た場合は、むやみに承認せず、断りましょう。また、友達リクエストを制限することで不要なリクエストを防げます。

≫ 知らない人から友達リクエストが来た時の対応

□ 友達リクエストを断る

心当たりのない怪しい人から友達リクエストが来た場合

1 友達リクエストの通知の[削除]をタップ

Check 知らない人かどうか確認する方法

上記通知の写真や名前をタップすると、相手のホームを確認できます。経歴などのプロフィールを確認してから判断しましょう。

□ 友達リクエストを制限する

自分に友達リクエストを送れる人を設定する

1 ≡タブから[設定とプライバシー]内の[設定]をタップ

2 [プライバシー設定]をタップ

3 [自分に友達リクエストを送信できる人]をタップ

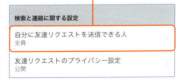

4 [友達の友達]をタップ

HINT 友達リクエストの制限には「友達の友達」以上の制限はかけられません。

Q.119 距離を置きたい人がいる場合はどうすればいい？

A. 制限リストを作成しましょう

少し距離を置きたい人がいる場合、制限リストに登録しましょう。相手に気づかれにくい形であなたの投稿を見られないようにできます。

≫ 制限リストへの登録

距離を置きたい友達のホームを表示させる

1 ［友達］をタップ

2 ［友達］をタップして表示されるメニュー［少し距離を置きたい場合］をタップ

表示された画面を下にスライド

3 「～さんに表示されるコンテンツを制限」欄の［オプションを表示］をタップ

4 ［～さんに自分の投稿を表示しない］をタップ

5 ［保存］をタップ

設定した友達には、「公開」で投稿しない限り自分の投稿は表示されない

HINT この方法は特定の人と穏便に距離を取りたい場合に便利です。

Q.120 特定の友達の近況をチェックするには？

A. チェックしたい友達のメインページの投稿欄で確認できます

タイムライン画面では友達全員の近況が表示されますが、特定の友達のみの投稿内容を時系列順にチェックすることもできます。

≫ 特定の友達の近況の確認

1 タブや ≡ の［友達］から、近況をチェックしたい友達をタップ

友達のメインページが表示される

2 下方向にスライド

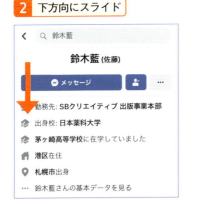

スクロールすると、友達の投稿内容が時系列で表示される

Column 友達のメインページからの近況の確認

最新の投稿から順に表示されているので、下方向にスライドすることで、過去の投稿へさかのぼれる。

HINT 友達全員の近況を時系列順で見たい場合は 📖 タブで確認しましょう。

Q.121 近況を投稿したいけどどうすればいい？ タグ付けって何？

A. タブの「今なにしてる？」から投稿しましょう

「投稿」することで友達に自分の近況を伝えられます。加えて、誰と一緒にいるかという情報も投稿でき、これをタグ付けといいます。

≫ 近況の投稿（文章のみ）

1 タブの［今なにしてる？］をタップ

「投稿を作成」画面が表示される

2 入力欄をタップし、近況を入力

背景デザインも選択できる

3 テキスト入力欄下の背景デザインをタップ

文章のみの投稿でもタグ付けが可能

4 画面下の［友達をタグ付け］をタップ

Column　タグ付けとは

タグ付けした友達と一緒にいることを表す為の機能です。Facebook上の友達を「タグ付け」できます。

HINT 背景デザインの右端の🔳をタップするとその他のデザインが選択できます。

Facebook / 投稿 / 投稿とタグ付け

友達一覧が表示される

5 タグ付けしたいユーザーをタップ

6 [完了] をタップ

7 アイコン右下の [友達] をタップし、公開する箇所にチェックを入れ [完了] をタップ

8 [投稿] をタップ

下のように投稿内容が表示される。タグ付けした友達と一緒にいるということも投稿される

≫ 近況にタグ付けして投稿（写真または動画を含む）

「近況の投稿（文章のみ）」の **1** まで行う

1 投稿画面で [写真/動画] をタップ

投稿する写真を選ぶ（p.214に操作方法の説明）と以下のように写真が表示される

2 写真をタップ

HINT 近況投稿時に友達のMessengerへ送信することもできます。

近況を投稿したいけどどうすればいい？ タグ付けって何？ | **Q121**

編集画面が表示される

3 👥をタップ

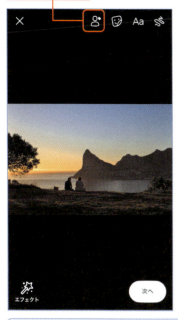

5 アイコン右下の［友達］をタップし、公開する箇所にチェック

6 ［完了］をタップ

7 ［完了］をタップし、画面下の［次へ］をタップしたら［投稿］をタップ

タグ付けされて投稿される

「タグするには顔をタップしてください」と写真の上に表示される

4 写真の任意の場所をタップ（友達の顔が映っている場所がいいでしょう）

Check　友達になっていない人をタグ付けできる？

Facebook上で友達になっていない場合は、直接名前を入力することでタグ付けできます。

Column　タグ付けの注意点

タグ付けする場合は、相手にしっかりと了承を得ましょう。
タグ付けを行うことで、タグ付けされた人は、いつ、誰と、どこにいたのかが第三者にわかってしまいます。家族や会社の同僚などに内緒にしたい内容が勝手に公開されてしまう可能性があり、トラブルの元となります。

HINT 特に、友達になっていない人をタグ付けする際は確認を必ず取りましょう。

Q.122 写真や動画はどうやって投稿するの？

A. 「今なにしてる？」から投稿作成画面を表示して画像を追加しましょう

投稿する写真や動画は、スタンプやテキストで装飾できるので、オリジナルの写真・動画ファイルを作って楽しく投稿しましょう。

≫ 写真や動画の投稿

1 📷 タブの［写真］をタップ

写真・動画の選択画面が表示される

2 投稿したい写真や動画をタップして［完了］をタップ

Check 複数の画像・動画の投稿

複数の写真と動画を同時に投稿することも可能です。

3 公開する箇所にチェックを入れ［完了］をタップ

HINT 投稿に画像を使用することでひと目で惹きつけられる投稿が作りやすくなります。

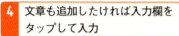

Check 画像や動画の最大数は40枚または30枚

投稿で画像や動画を追加する場合はiPhoneの場合最大で40枚です。Androidは30枚です。

□写真や動画の編集

「写真や動画の投稿」の 2 まで行う

右上のエフェクトメニューからさまざまな編集ができる

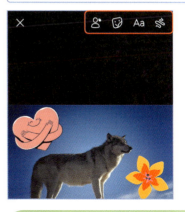

Column 編集で可能なこと

スタンプを置いたり、写真内にテキストを入れたり、手書きで装飾したりできます。

HINT　画像や動画にはテキストやスタンプの他にトリミングやペン文字などを書くことも可能です。

Q.123 公開範囲を変更して投稿できる？

A. 「投稿を作成」画面で公開範囲のメニューをタップして変更しましょう

投稿をどの範囲の人にまで公開するか選択できます。友達のみに公開したり、全世界に公開したりと、投稿毎に自由に設定できます。

≫ 公開範囲の変更

「投稿を作成」画面を表示する

1 公開範囲のメニューをタップ

「プライバシー設定を選択」画面が表示される

2 指定したい公開範囲をタップ

3 ［完了］をタップ

> **Column** 「もっと見る…」をタップすると
> さらに詳細な条件で公開範囲を設定できます。

以降は通常の投稿と同じように操作

公開範囲の詳細

指定できる公開範囲については以下のようなものがあります。

HINT　例えば同窓会などで伝えたいことは出身校で公開範囲を設定するといいでしょう。

公開	誰でも閲覧可能
友達	Facebookで友達になっているアカウントのみ閲覧可能
一部を除く友達	特定の友達には見せない
一部の友達	特定の友達にのみ見せる
自分のみ	自分だけ閲覧できる

その他、勤務先や出身校、地域が一緒のアカウントのみに公開することもできます。一部を除く友達、及び一部の友達を選択した場合はFacebookの友達一覧が表示されます。この際気を付けることは「一部を除く友達」は公開したくない友達にチェックを入れ、「一部の友達」は公開したい友達にチェックを入れることです。

「一部を除く友達」の場合は☐が名前の横に表示される

「一部の友達」の場合は☐が名前の横に表示される

Column 公開範囲は都度設定しなくていい

公開設定は前回投稿した際の設定を引き継ぐので、普段から同じ公開範囲にしたい場合は、投稿の度に公開設定をいじる必要はありません。

普段と違う公開範囲にしたい場合は、公開設定を変更して投稿しましょう。

HINT 公開範囲を一時的に変更すると元に戻すのを忘れがちなので気を付けましょう。

Q.124 投稿済みの文章や写真を編集や削除できますか？

A. 投稿の をタップして行いましょう

間違って投稿してしまった場合でも、焦らず編集または削除しましょう。公開範囲のみ変更することも可能です。

投稿の編集・削除・公開範囲の変更

□ 投稿を編集

1 編集したい投稿の右側の […] をタップ

早川 晃輔
数秒前・
今日は暑いですねぇ。
いいね！　コメントする

以下のメニューが表示される

2 ［投稿を編集］をタップ

- 投稿を保存
  保存済みのアイテムにこのアイテムを追加します
- 投稿を編集
- プライバシー設定を編集
- アルバムに追加

Check　すべての内容が編集可能

テキストの内容や背景など、すべての項目を変更できます。
写真や動画を投稿した際も編集・削除が可能です。

□ 投稿を削除

1 ［投稿を編集］の**2**で表示されるメニューの［削除］をタップ

2 確認画面が表示されるので［投稿を削除］または［削除］をタップ

Check　公開範囲を変更

［プライバシー設定を編集］をタップすると、投稿内容は変更せず公開設定のみ編集できます。

「投稿を編集」画面に移動するので自由に編集

HINT 投稿編集時は、いいね！やコメントは残りますが、削除の場合は残りません。

Q.125 友達や友達以外の人の投稿を友達とシェアするには？

A. 投稿に表示される［シェア］から行いましょう

Facebookにおける「シェア」とは、友達と投稿内容を共有できる機能です。影響力の強いアカウントなら一気に拡散も可能です。

≫ 投稿のシェア

□シェアとは

特定の投稿を、友達に向けて再投稿する機能です。元の投稿内容をそのまま友達に伝えられるので、シェアが数回行われると、加速度的に情報が拡散されていきます。

□シェアする

1 シェアしたい投稿の右下にある［シェア］をタップ

画面下にシェアするための画面が表示される

2 必要があればテキストを入力

3 ［シェアする］または［今すぐシェア］をタップ

以下画面のように表示され、投稿がシェア（再投稿）される

HINT 相手やシェアする人へ向けてメッセージを送りたい場合はテキストを入力しましょう。

Q.126 気に入った投稿に「いいね！」やコメントをするには？

A. 投稿内容の下に表示されている各ボタンをタップしましょう

投稿に対して「いいね！」を付けたりコメントができます。交流を図る為にも、積極的に「いいね！」やコメントをしてみましょう。

≫ 投稿への「いいね！」を付ける、またはコメントする方法

□「いいね！」を付ける

「いいね！」したい投稿画面を表示する

1 [いいね！]をタップ

以下のように「いいね！」が青文字に変化する

□ コメントをする

コメントしたい投稿画面を表示する

1 [コメントする]をタップ

以下のようにテキストが入力できる

2 入力欄にコメントを入力

3 ▶をタップ

> **Check　コメント時に気を付けること**
>
> コメントした内容は投稿が閲覧出来るすべての人に見られるので、個人情報やプライバシーに関わる内容はコメントしないようにしましょう。

HINT　相手や見ている人が不快になるようなコメントはしないようにしましょう。

Q.127 「いいね！」以外のリアクションはできる？

A. 「いいね！」を長押ししてその他のリアクションを選びましょう

「いいね！」以外のリアクションも可能です。投稿内容によっては悲しみや怒りの感情を表したい場合もあるので、そのような場合に便利です。

≫「いいね！」以外のリアクション方法

リアクションしたい投稿画面を表示する

1 [いいね！]を長押しする

「いいね！」以外のリアクションが表示される

2 指をスライドさせることで、付けたいリアクションを選べる

3 目的のリアクションが大きく表示されている状態でスライドしていた指を離す

3で大きく表示されていたリアクションが付く

Column スライド中にリアクションを中止したくなった時

スライド中にリアクションをキャンセルしたくなった場合は、スライドしている指を左端または右端までスライドし、「リリースしてキャンセル」の文字が表示されたら、指を離しましょう。

□ リアクションの件数アイコンからリアクション選択

投稿左下のリアクションの数が表示されている部分をタップすることでもリアクションができます。

HINT 喜怒哀楽を表現できるので、「いいね！」がしづらい場合に活用しましょう。

Q.128 自分の投稿に付いた「いいね！」やコメントの数はどう確認するの？

A. 確認したい投稿を表示してリアクション欄をタップしましょう

自分が投稿した内容にどのぐらい「いいね！」やコメントがついているかを確認する方法を紹介します。コメントに対する返信も説明します。

≫ コメントへの返信方法

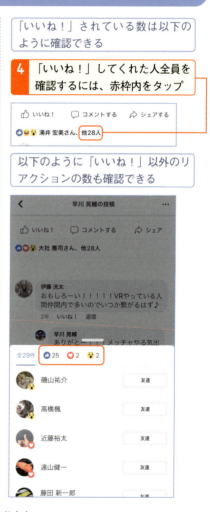

HINT　コメントが付いたら返信すると交流が深まります。

Q.129 旅行などで撮った大量の写真を保存・管理するには？

A. アルバムを作成して保存・管理しましょう

アルバムに写真をアップロードして保存・管理できます。公開範囲も自由に設定できますし、ジャンルごとにアルバムを作っておくことで整理しやすくなります。

≫ アルバムの利用方法

□アルバムの作成

1 タブの [写真] をタップ
2 アルバムに入れたい写真をタップ
3 [完了] をタップ
4 [+アルバム] をタップ

「アルバムを選択」画面が表示される

5 [アルバムを作成] をタップ
6 アルバム名を入力
7 説明文を入力（任意）
8 公開範囲の設定（任意）
9 [寄稿者を追加] のスイッチをオンにして友達を追加（任意）
10 [保存] をタップ

Check 「寄稿者を追加」とは

追加した友達はこのアルバムを編集できます。共有のアルバムを作成したい場合は設定しましょう。

HINT アルバムは大量の画像をまとめて保管できるのでおすすめです。

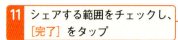

11 シェアする範囲をチェックし、[完了]をタップ

12 [投稿]をタップ

アルバムが作成され、下のように投稿される

友達のアルバムの確認方法

友達のホームを表示する

1 プロフィール内の[写真]をタップ

2 [アルバム]をタップ

友達が作成したアルバムが一覧で表示される

Check 見られない友達のアルバム

友達のアルバムでもアルバムの公開設定によっては閲覧できません。

HINT　自分が寄稿者に追加されているアルバムは自分のホームでも確認できます。

Q.130 飲み会などのイベントを友達と共有するには？

A. ☰タブの［イベント］からイベントを作成して共有しましょう

イベント情報を掲載し、友達に共有して参加を募れます。数人の飲み会から100人規模のイベントまで、幅広く共有できます。

≫ イベントの利用方法

□イベントを作成する

1 ☰タブから［イベント］をタップ

2 ［作成］（Androidの場合は画面下のイベントアイコン）をタップ

3 イベントの公開範囲を選択する。今回は［公開イベントを作成］をタップ

公開範囲選択画面が表示される

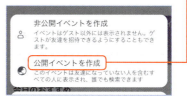

4 イベント内容を入力

「イベントを作成」画面が表示される

5 ［作成］をタップ

Column　イベントの検索

別の人が企画しているイベントの検索も可能です。

HINT イベントは全体公開や限定公開など、公開範囲を設定することも可能です。

イベントが作成される

☐ イベントを共有する

共有したいイベントを表示する

1 [シェア]をタップ

2 [招待]をタップ

友達をイベントに招待できる

☐ イベントに招待された場合

イベントに招待されると通知が届く

1 イベント詳細を確認し、参加する場合は[参加予定]、参加しない場合は[閉じる]をタップ

リアクションをすることで、イベント作成者にリアクション内容が通知される

HINT　イベントではコメントのやり取りをしたり参加者を確認できます。

Q.131 Messengerで友達と直接やりとりするには？

A. アプリをダウンロードしてメッセージを効率的に送り合いましょう

Messengerアプリを利用すると、Facebook上の友達とチャット形式でメッセージのやり取りができます。

≫ Messengerの利用

1 タブ上部のフキダシアイコンをタップ

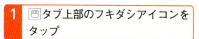

アプリを起動すると以下画面が表示される

2 [~としてログイン]をタップしてログイン

Check アプリのインストール

Messengerアプリをインストールしていない場合はインストールしましょう。

1 [インストール]をタップ

ログイン後は、以下のような画面が表示される

2 アプリをインストールする

HINT 写真や動画、ファイルの送受信も可能なので、ビジネスシーンでも活用できます。

Facebook — Messenger / Messengerの利用

LINEのようにチャット形式でメッセージのやり取りが可能

※右側が自分、左側が相手の送った内容です。

写真や動画、各種ファイルはもちろん、ボイスメッセージやスタンプも送信可能

Column 既読状態かどうか確認する方法

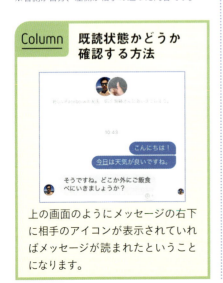

上の画面のようにメッセージの右下に相手のアイコンが表示されていればメッセージが読まれたということになります。

Check ボイスメッセージとは

ボイスメッセージは、マイクボタン長押しで録音開始されます。指を離すと自動的に録音内容が送信されます。
文字を入力するのが面倒な場合に便利です。

上のようなアイコンが表示されている時が長押しされている状態です。この状態の時に話しましょう。

HINT　Facebookはパソコンからでも手軽にログインできるのでファイル開封の時便利です。

Q.132 Messengerを複数の友人で集まって使用できる？

A. Messengerグループを作成しましょう

Messengerアプリでは、複数の友達でグループを作成してメッセージのやり取りが可能です。LINEのグループに似た操作感で使用できます。

≫ Messengerアプリでのグループの活用方法

□ グループの作成方法

1 Messengerアプリの右上のメモアイコンをタップ

2 グループを作成したい人をタップ

3 選択したら[OK]をタップ

4 グループ作成が完了する

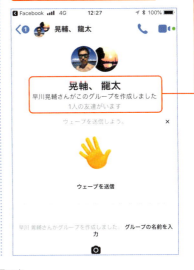

HINT　グループ作成には最低3人の参加者が必要です。

Q.133 グループに招待された時・参加したい時はどうすればいいの？

A. 招待されると自動的にメンバーに追加されます。参加したい場合は申請しましょう

グループに参加するには、友達から招待を受けるか、自分からグループを探して参加申請を送りましょう。

≫ グループへの参加

□ グループに招待された場合

グループに招待されると、下画面のような招待の通知が届く

1 通知をタップ

以下のような画面が表示され、グループの詳細が確認できる

Check 招待されたらどうなる？
参加したい場合は上の画面の［グループに参加］をタップしましょう。グループを退会したい場合は、［招待を承認しない］をタップしましょう。

□ グループに参加したい場合

キーワード検索から参加したいグループを探す

参加したいグループを一覧からタップすると下記のような画面が表示される

1 ［グループに参加］をタップ

グループ管理者に承認されるとグループに入れる

HINT　ここでいうグループとMessengerのグループは異なります。

Q.134 グループを作成するには？

A. ≡タブの［グループ］から＋をタップして作成しましょう

グループを作成して、参加したメンバー同士で交流を深められます。共通の趣味や出身学校など、さまざまなカテゴリでグループを作成してみましょう。

≫ グループの作成

1 ≡タブから［グループ］をタップし、［＋作成］をタップ

2 必要事項をそれぞれ記入し、［友達を選択］をタップ

3 タップしてグループに招待したい人を選択

4 指定したい公開範囲をタップ

5 ［作成］をタップ

グループが作成される。［招待］をタップすると、追加で友達を招待できる

HINT 特定のメンバーだけで交流や情報共有が可能です。

Q.135 グループに投稿するには？

A. グループの画面から、通常の投稿と同じようにできます

グループ内で投稿すると、グループに参加しているメンバーに対して情報が発信できます。通常の投稿と同じように利用できます。

≫ グループへの投稿方法

1 😀タブをタップして表示された画面の［参加しているグループ］をタップ

1 で表示されている投稿したいグループをタップすると、以下のような画面が表示される

2 ［何か書く］をタップ（Androidの場合は［テキストを入力］）

投稿画面が表示される。通常の投稿と同様に、背景を変えたり、写真や動画を投稿できる

Column グループの投稿について

グループが非公開、または秘密の場合は、投稿内容はグループメンバーにのみ表示されます。また、通常の投稿と同じく、画像や動画などさまざまな投稿を行えます。以下のようにアンケートも取れます。

HINT　グループ内のアンケートは飲み会やイベントのアンケートにも活用できるでしょう。

Q.136 グループのカバー写真を変えるには？

A. グループのトップで編集しましょう

グループのカバー写真を設定すると、グループの上部にカバー写真が大きく表示されます。同時にアイコンにも設定されるので、グループを表す顔にもなります。

≫ グループのカバー写真を変更する

グループのホームを表示（p.232参照）

1 [編集] をタップ

2 写真をアップロードしてカバー画像を設定

カバー画像を設定すると画面が華やかになるだけでなく、どのようなグループなのかひと目でわかります。

また、設定したカバー画像はアイコンにも反映されます。グループの従来からの参加者にとっては他のグループとの違いがひと目でわかりますし、アイコンで興味を持った新規参加者が現れるかもしれません。ぜひ設定しましょう。

HINT グループのカバー写真はアイコンも兼ねていることを知っておきましょう。

Q.137 メンバーをこれ以上増やしたくない時は？

A. 承認制にしてメンバーの人数を制限しましょう

参加するのに管理者の承認を必要とするグループを作成できます。他メンバーに自由に友達を招待させることを防ぎ、参加するメンバーをあなたが管理できます。

≫ グループの参加の承認制設定

グループのホーム画面を表示させる

1 右上の盾アイコンをタップ

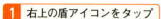

2 ［グループ設定］をタップ

3 ［メンバーリクエストの承認設定］をタップ

下記のようなメニュー画面が表示される

4 ［管理者とモデレーターのみ］をタップ

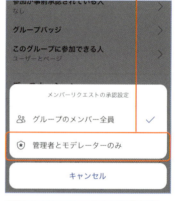

下記の表示になっていればOK

メンバーリクエストの承認設定
管理者とモデレーターのみ

Column 参加申請の通知が届く

グループへの参加申請が行われる度に管理者に通知が届くので、承認または非承認を選択して管理しましょう。

HINT 承認制を解除したくなったら **4** で「グループのメンバー全員」に設定しましょう。

Q.138 グループの投稿が議論で荒れてしまった！どうすればいい？

A. 投稿を承認制にして議論で荒れないようにしましょう

グループに投稿される内容を承認制にすることで、投稿内容を管理者が事前にチェックできます。グループの雰囲気を健全なものに保てます。

≫ グループの投稿の承認制設定

グループのホーム画面を表示し、[グループ設定]をタップしておく

1 [投稿を承認できるユーザー]をタップ

ディスカッション
- 投稿できる人　グループのメンバー全員
- 投稿を承認できるユーザー　グループのメンバー全員
- グループチャットを作成できる人　グループのメンバー全員
- グループのストーリーズに追加できる人　グループのメンバー全員
- グループストーリーズを承認できるユーザー　グループのメンバー全員

下のような画面が表示される

2 [管理者とモデレーターのみ]をタップ

投稿を承認できるユーザー
- 管理者とモデレーターのみ
- グループのメンバー全員 ✓
- キャンセル

加えて、**1**の画面に戻り、[グループストーリーの承認]をタップしてオンにする

他のメンバーが投稿した時、以下のような画面が表示され、承認されるまで投稿内容は表示されなくなる

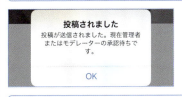

管理者には投稿がある度に以下のような通知が届く

3 通知をタップ

4 投稿内容を確認し問題なければ[承認する]をタップ

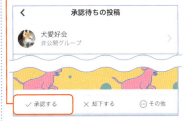

投稿がグループ全体に公開される

HINT メンバーが大量にいるグループなどは事前に設定しておくのもいいでしょう。

Q.139 グループから退会するには？

A. グループのホーム画面の ⓘ をタップし[グループを退会]から行いましょう

グループに所属していると、グループ内での投稿や更新の通知が届きます。疎遠になったグループは、退会することで不要な情報をシャットアウトできます。

≫ グループからの退会

グループのホーム画面を表示する

1 右上の盾アイコンまたはメニューアイコンをタップ

2 [グループを退会]をタップ

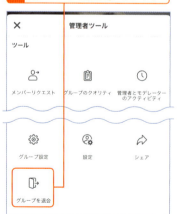

以下のような確認画面が表示される

3 [グループを退会]をタップ

Column 退会すると管理者などに通知される？

グループを退会しても管理者や他の人に通知されることはありません。承認なども必要ないので、疎遠になってしまったグループや折り合いがつかないグループなどは気軽に退会しましょう。ただし、再び参加する可能性がある場合は避けたほうがいいでしょう。

HINT ２で表示されるグループの情報画面ではグループのシェアなどもできます。

Q.140 通知が大量に来るので減らしたいけどどうすればいいの？

A. ≡タブの［設定とプライバシー］から通知設定しましょう

投稿に対してコメントや「いいね！」があった時などに通知が届きますが、その通知を減らせます。重要な通知だけ届くようにしましょう。

≫ 通知設定の変更

1 ≡タブから［設定とプライバシー］内の［設定］をタップ

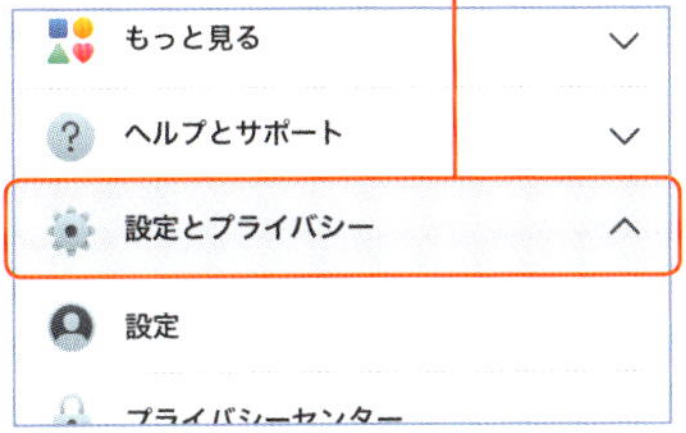

2 ［お知らせの設定］をタップ

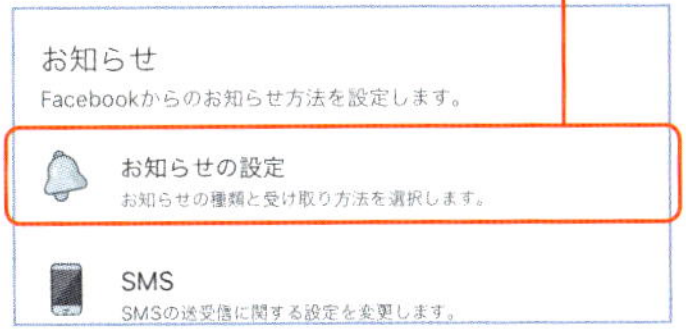

項目ごとに通知設定が可能

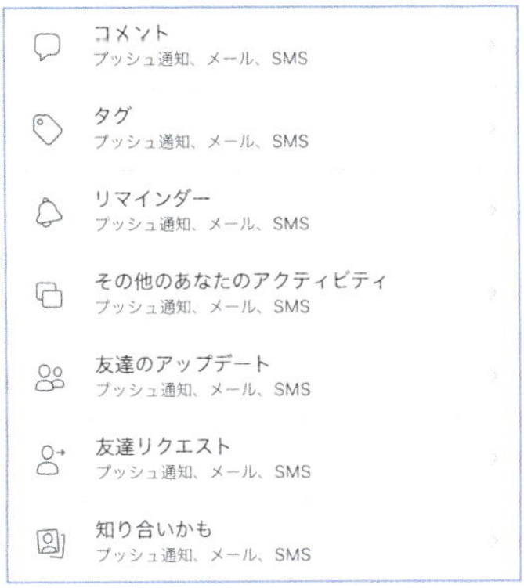

各項目をタップすると以下のような画面が表示され、お知らせの通知方法が設定できる

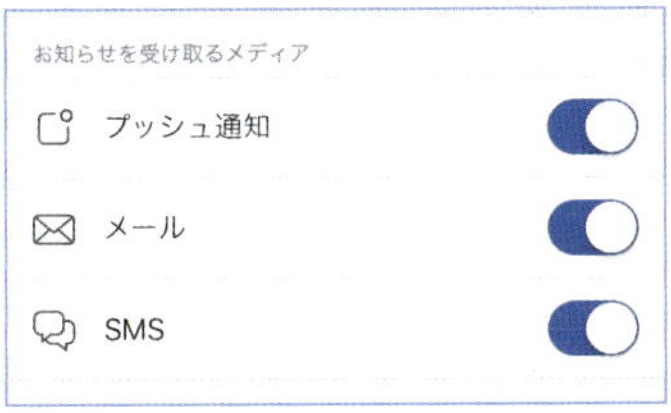

> **Check 通知を受け取りたくない場合**
>
> 上の画面で表示されているメディアのすべてのスイッチをオフにしましょう。

各メディアでの通知方法に関する設定も可能

HINT 初期状態ではすべて何らかの通知が行われるように設定されています。

Q.141 他アプリとの連携を解除するには？

A. 「プライバシーセンター」の[個人データ管理ツール]で解除しましょう

Facebookアカウントを利用して他アプリにログインできますが、Facebookの登録情報も提供しているので、利用しなくなったアプリは連携を解除しましょう。

≫ 他のアプリとの連携解除

HINT 使用しなくなったアプリの存在は忘れがちなので定期的にチェックしましょう。

Q.142 Facebookからの連携をすべて解除するには？

A. [設定]の[アプリとウェブサイト]から設定しましょう

Facebookのアカウントを使って別のサービスやアプリにログインできますが、この設定をすべてオフにできます。個人情報流出の危険性が減ります。

≫ Facebookからの連携の全解除

1 ≡タブから[設定]をタップ

2 [アプリとウェブサイト]をタップ

3 「アプリ・ウェブサイト・ゲーム」の[編集する]をタップ

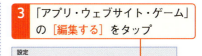

「プラットフォーム」画面が表示される

4 [オフにする]をタップ

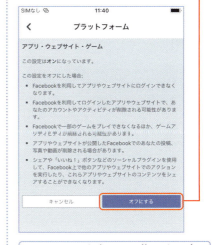

Facebookアカウントで他のサービスにログインできなくなる。
Facebookアカウントで他のサービスを利用しない場合はオフにしておく

HINT Facebookの連携をしたくなった場合は、同じ手順を行って最後はオンにしましょう。

Q.143 迷惑行為をしてくる人にはどう対処すればいいの？

A. 迷惑行為をしてくるアカウントはブロックしましょう

投稿に対して迷惑なコメントをされたり、不要なイベントやグループに招待されたりといった迷惑に感じるユーザーが現れたらブロックしましょう。

≫ ブロックの方法

ブロックしたい相手のプロフィール画面を表示する

1 ［友達］をタップ

以下のような画面が表示される

2 ［ブロックする］をタップ

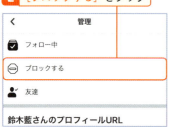

3 ［ブロックする］をタップ

Column　ブロックしたらどうなる？

以下のことが拒否できます。
- タグ付け
- イベント/グループへの招待
- スレッド開始
- 友達になる
- タイムラインの投稿を見る

▢ ブロック解除する方法

☰ タブ →［設定］→［ブロック］からブロック解除できます。

HINT 2 で表示される項目は友達または友達以外の人で内容が異なります。

Q.144 知り合いやメールアドレスを知っている人だけに検索させられる？

A. ☰タブの[プライバシーセンター]で設定しましょう

自分を検索できる人の範囲を設定できます。範囲を狭めることで不要な友達申請を減らせられるので、友達リクエストが多いと感じた場合は設定しましょう。

≫ 検索可能範囲の設定

1 ☰タブから[プライバシーセンター]をタップ

画面を下にスライド

2 [その他のプライバシー設定]をタップ

「検索と連絡に関する設定」から検索範囲を各項目ごとに設定できる

初期段階ではすべて「全員」に設定されている。範囲を「友達」や「友達の友達」にすることで、意図しない検索や友達申請を防げる

HINT 検索範囲を友達の友達に設定した場合は、友達から身元が特定できる可能性が高いです。

Q.145 個人情報に公開制限を設定するには？

A. ☰タブの[プライバシーセンター]から設定しましょう

友達や他のアカウントが知れる情報を項目ごとに制限できます。個人情報の流出を避けるために設定しておきましょう。

≫ 個人情報の公開範囲の設定

1 ☰タブの[プライバシーセンター]をタップ

画面を下にスライド

2 [重要なプライバシー設定を確認]をタップ

「プライバシー設定の確認を始める」画面が表示される

3 [次へ]をタップ

4 何もせず[次へ]をタップ

ニュースフィードやプロフィールから投稿する時に、プライバシー設定を選択することで、そのコンテンツを見ることができる人をコントロールできます。

> **Check 投稿の公開範囲の設定**
> ここでは個人情報の公開制限を説明するので割愛しますが、**4**では投稿の公開設定が可能です。

HINT 項目すべてをそれぞれに制限できるので便利です。

個人情報に公開制限を設定するには？ **Q145**

プロフィール情報の公開設定画面が表示される

5 項目ごとに公開設定を変更

6 ［次へ］をタップ

Check 設定のポイント

他の人に知られたくない項目は「自分のみ」に変更しましょう。友達には見られてもいい項目は「友達」に設定しましょう。ある程度信頼の置ける人になら見られてもいい情報は「友達の友達」に設定しましょう。

アプリとウェブサイトの設定画面が表示される

7 何もせず［次へ］をタップ

プライバシー設定が完了

8 ［閉じる］をタップ

何気なく登録した情報でもあなたの大切な個人情報なので、公開設定は自分の利用用途に合わせて適時設定しましょう。

HINT 電話番号などは特に気を付けて公開範囲を設定しましょう。

Q.146 パスワードはどこで変更できる？忘れた時はどうすればいい？

A. ≡タブの［設定とプライバシー］から変更しましょう

定期的にパスワードを変更することでFacebookのアカウント乗っ取りなどの不正利用を防げます。パスワードは定期的に変更するようにしましょう。

≫ パスワードの変更方法

□ パスワードの変更

1. ≡タブをタップ
2. ［設定とプライバシー］内の［プライバシーセンター］をタップ
3. 「アカウントのセキュリティ」内の［パスワードを変更］をタップ

以下の「パスワードを変更画面」が表示される

4. タップして入力
5. ［変更を保存］をタップ

現在のパスワードを誤って入力した場合は以下のような表示になるので、正しいパスワードを再度入力しましょう

HINT パスワード作成の注意点の1つは他サービスと同じパスワードは使用しないことです。

Q146 パスワードはどこで変更できる？忘れた時はどうすればいい？

■パスワードを忘れた場合

1 [パスワードを忘れた場合]をタップ

登録しているメールアドレスまたは電話番号にセキュリティコードが送信される

2 タップしてセキュリティコードを入力

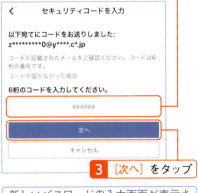

3 [次へ]をタップ

新しいパスワードの入力画面が表示される

4 タップして、新しく設定したいパスワードを入力

5 [次へ]をタップ

■他の端末からのログインをすべてログアウトさせる

アカウント乗っ取りの疑いがある場合は、他の端末でログインしているユーザーを強制的にログアウトさせる

1 「パスワードの変更」「パスワードを忘れた場合」の操作に続いて、[他のデバイスを確認]をタップ

2 [次へ]をタップ

ログイン中の端末名と地域が表示される

3 [すべてのセッションからログアウトする]をタップ

HINT アカウントを乗っ取られると友達にも迷惑がかかりうるので早急に対応しましょう。

Q.147 二段階認証を設定する方法は？

A. ☰タブの[プライバシーセンター]から設定しましょう

Facebookで二段階認証を設定すると、別の端末からログインしようとした場合に、ログインIDとパスワード以外に認証用のコードの入力が求められるようになります。

≫ 二段階認証の設定

1 ☰タブから[設定とプライバシー]内の[プライバシーセンター]をタップ

画面を下へスライド

2 「アカウントのセキュリティ」内の[二段階認証を使用]をタップ

下のような画面が表示される

3 [スタート]をタップ

4 タップしてパスワードを入力

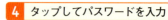

5 [次へ]をタップ

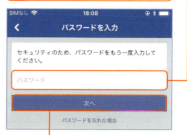

HINT 認証用コードは自分しか確認できないので、不正ログインを防げます。

Q147 二段階認証を設定する方法は？

下の画面から二段階認証の方法をどちらか選択する

□ SMSをタップした場合

登録している電話番号宛てにSMSで認証番号が送られる。また、電話番号が登録されていない場合は下のように入力の必要がある

1 タップしてSNSに送信された認証番号を入力

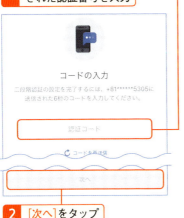

2 [次へ]をタップ

□ 認証アプリをタップした場合

1 専用アプリ（「Google認証システム」や「Duo Mobile」）でQRコードを読み込む。Facebook上で[同じデバイスに設定されました]をタップする

※専用アプリは、AppStoreやGooglePlayからインストールして使用しましょう。

2 タップして専用アプリに表示されるコードを入力する

3 [次へ]をタップ

二段階認証がオンになる。別の端末からログインしようとした場合、認証番号が必要になる

HINT 認証番号は携帯電話番号または専用アプリでしか確認できません。

Q.148 アカウントを乗っ取られないためにできることは？

A. 乗っ取りを防ぐ事前準備や乗っ取られてしまった場合の対応を紹介します

アカウントを乗っ取られると詐欺業者に勝手に利用され個人情報を抜かれてしまう可能性があり、友達にも迷惑がかかるので事前の対策をしておきましょう。

≫ アカウント乗っ取りを防ぐ事前準備

□ パスワードを独自のものに設定

Facebookと同じパスワードを設定しているショッピングサイトなどへログインされた場合、口座情報やクレジットカード番号も流出してしまいます。

［三］＞［設定］＞［プライバシーセンター］＞［パスワードを変更］から新しいパスワードを設定（p.244参照）

□ 二段階認証を設定する

二段階認証を設定することで、高確率で第三者からの不正なログインを防げます。

［三］＞［設定とプライバシー］＞［プライバシーセンター］＞［二段階認証を使用］から設定（p.246参照）

□ 別の端末からログインがあった際に通知を受け取る

［三］＞［設定とプライバシー］＞［プライバシーセンター］＞［認識できないログインに関するアラート］で、普段利用していない端末でログインがあった場合に通知を受け取るように設定

日常的に確認しやすい連絡手段の項目をオンにしておくことで、別の端末でログインがあった場合にすぐに気付けます。

HINT これまで紹介してきた方法をまとめて説明しているので詳細は各参照ページを見てください。

≫ 乗っ取られてしまった時の対処法

万が一アカウントを乗っ取られてしまったら、すぐに以下の対応を行いましょう。

□ パスワードを変更する

≡＞［設定］＞［設定とプライバシー］＞［プライバシーセンター］＞［パスワードを変更］から新しいパスワードを設定（p.244参照）

□ 知らない認証アプリを解除

≡＞［設定］＞［アプリとウェブサイト］＞［Facebookでログイン］から見覚えのないアプリの連携を削除（p.238参照）

□ 投稿した覚えのない投稿を削除

投稿横の⋯から［削除］をタップ（p.218参照）

> **Check** なぜ不正アクセスされるの？
>
> 別のアプリやサービスからアカウント情報が流出した可能性があります。Facebookに登録しているメールアドレスとパスワードが他のサービスと同じ場合、そのサービスから情報が流出し、Facebookにも不正にログインされてしまったということです。また、総当たり攻撃を受けてしまったという可能性もあります。悪意のある業者が、パスワードを総当たりで入力してログインを試みるという攻撃です。

HINT 口座情報やクレジットカード番号の流出への対応は各金融機関に問い合わせましょう。

Q.149 アカウントにアクセスできなくなった時に事前にしておけることは？

A. 助けてもらう友達を選択しておきましょう

IDやパスワードを忘れ、さらに登録したメールアドレスや電話番号が利用できなくなった場合に備えて、助けてくれる友達を選択しておきましょう。

≫ 信頼できる連絡先の設定

1. ≡タブから［設定］をタップ
2. ［セキュリティとログイン］をタップ
3. 以下の欄をタップ

4. ［信頼できる連絡先を選択］をタップ

下のような画面が表示される

Check　選択する友達について

アカウントにログインできなくなった場合、ここで選択する友達に認証用のコードが送信されることになります。
選択した友達から電話や対面でコードを教えてもらい、入力することでログインが可能になるということです。
つまり、**実際に会ったり電話できる友達を選択する必要があります。**

HINT　信頼できる友達として誰を選択したか忘れないようにしておきましょう。

Q149 アカウントにアクセスできなくなった時に事前にしておくことは？

5 友達を3人以上選択

6 完了をタップ

下のような画面が表示される。ログインできなくなった場合、選択した友達全員にコードを教えてもらう

≫ アカウントを復帰させる方法

パソコン版のFacebookをブラウザに表示（URL：https://www.facebook.com/）

1 ［アカウントを忘れた場合］をクリック

2 Facebookに登録したメールアドレスor電話番号を入力

3 ［検索］をクリック

アカウント情報が表示される

4 ［上記メールアドレスが利用できない場合］をクリック

5 新しいメールアドレスor電話番号を入力

6 新しいメールアドレスまたは電話番号に認証用の番号が送信されるのでそれを入力

7 ［次へ］をクリック

HINT 信頼できる連絡先として選択した友達には事前に了承を得ておきましょう。

下のような画面が表示される

8 ［信頼できる連絡先を表示］をクリック

9 登録した友達の名前をFacebook登録名フルネームで入力する（※名字のみなどはNG）

10 ［確認］をクリック

1人入力に成功すると、登録した友達全員が以下のように表示される

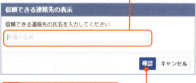

表示された友達3人に、電話やメール、対面など、Facebook以外の方法で連絡を取り、ブラウザでURL「https://www.facebook.com/recover」にアクセスしてもらい、その後、各友達がアクセスしたページに表示されるコードを教えてもらう

11 さきほどの画面で、教えてもらったコードをそれぞれ入力

12 ［次へ］をクリック

以降は画面に指示に従って操作すれば、アカウントにアクセスできるようになる

Check　コードは全員から聞く

さきほど説明した、友達から得るコードは3人全員分のコードを入力しなければいけません。

Column　信頼できる連絡先設定の重要性

アカウント情報を完全に忘れてしまい、登録したメールアドレスや電話番号が使えなくなったとしても、友達との繋がりでアカウントを復活させられます。万が一の時の為に設定しておくといいでしょう。

HINT　この操作をする場合は、コードをすぐ確認できるよう事前に友達と連絡しておきましょう。

Q.150 パソコンでFacebookは使える？

A. ほとんどの機能がパソコンでも操作できます

パソコンからFacebookにログインして使用する方法を解説します。スマホ版とほぼ同じ機能がそろっていますが、動作やメニューは一部違う部分があります。

≫ パソコンでのFacebookの使用方法

□ ログイン

ブラウザでURL「https://www.facebook.com/」にアクセス

1 メールアドレス or 電話番号と、パスワードを入力してログイン

Check　情報を忘れた場合

Facebookに登録したメールアドレスや電話番号は、スマホアプリの≡タブからの[設定]の[個人の情報]で確認できます。パスワードを忘れた場合はp.245を確認しましょう。

Column　パソコンからのみでも使える？

もちろんパソコンだけでアカウント登録・利用まで行えます。アカウント登録したい場合は、上記画面の「アカウント登録」欄に入力して登録しましょう。

□ 投稿

ログインすると、Facebookのトップ画面が表示される。「今なにしてる？」をクリックすると投稿できる

スマホと同様、背景にエフェクトを付けて投稿できる。写真や動画の添付、公開範囲の設定ももちろん可能

HINT　Facebookは元はパソコン版サービスから始まり、後にアプリ版が作られています。

ホーム

画面上部の「ホーム」をクリックすると、自分のホーム画面が表示される。友達やプロフィール情報の編集、投稿内容の確認などができる

友達検索

画面上部の検索バーをクリックしてキーワードを入力すると、Facebook上で友達を探せる。名前や出身地、出身学校などで検索できる

メッセンジャー

ホーム画面左側の「Messenger」から、友達とメッセンジャーでやり取りできる。チャットはもちろん、音声通話・ビデオ通話も可能

設定やログアウト

右上の「▽」をクリックすると、各種設定や、ログアウトができる

HINT 仕事でパソコンを使い、かつFacebookを多用する場合はパソコン版が利用しやすいです。

Q.151 Facebookをやめるには？

A. ［プライバシーセンター］から アカウントを削除しましょう

Facebookを辞めたいのに、アカウントをそのままの状態にしていると不要な通知や友達申請が来るので、アカウントを削除しましょう。

≫ アカウントの削除

1 ≡タブから［設定とプライバシー］内の［プライバシーセンター］をタップ

2 ［アカウントと情報を削除］をタップ

3 ［アカウントの削除］をタップ

4 ［アカウントの削除へ移動］をタップ

「アカウントの削除」画面が表示される

5 タップしてパスワードを入力

6 ［次へ］をタップ

確認画面無しで削除されるので十分注意しましょう。

> **Check 削除から29日以内は復元可能**
>
> Facebookアカウントを削除しても、削除から29日以内に再びFacebookにログインすれば、削除したアカウントを復元できます。誤って削除してしまった場合、再度ログインしてアカウントを復元しましょう。

HINT アカウントの利用解除と削除画面で選択できる［アカウントの利用解除］は一時的にFacebookの利用を停止でき、Messangerの利用は引き続き行えます。

Twitter

Twitter を楽しく使おう

気軽に気持ちや近況をつぶやける！

旬な情報をリアルタイムでチェックできる！

企業などの公式情報を確認できる！

いいねやリツイートで情報を拡散できる！

タイムラインに投稿

さまざまな情報をチェック

普段の生活で感じたことや気持ちを手軽に投稿できます。テキストに加えて画像や動画も投稿して、身近な状況をフォロワーと共有しましょう。

企業アカウントを確認すると、さまざまな公式情報をチェックできます。
検索からは、Twitterユーザーが興味を持っているトレンド情報なども確認でき、流行の流れを追えます。

≫ Twitterのおもな画面の機能を紹介 (上：iPhone 下：Android)

- **10** メニューを表示します
- **2** 投稿に対してコメントできます
- **3** 投稿をリツイート（再投稿）できます
- **4** 投稿に「いいね」をつけられます
- **5** ツイートを共有したり保存できます
- **1** テキストや画像、動画などをツイート（投稿）できます
- **6** タイムラインを表示します
- **8** 自分に対する通知を確認できます
- **7** ツイートを検索できます
- **9** ダイレクトメッセージを送受信できます

→ 他にも色んな楽しい便利な機能が盛りだくさん！

Q.152 Twitterでどんなことができるの？

A. 気軽なツイート（つぶやき）の投稿の他、情報収集もできます

140文字の短文を軸に、友達と近況を伝え合ったり、話題になっていることを調べたり、有名人のつぶやきを確認できます。

≫ Twitterでできること

□ 基本機能

Twitterの最大の特長は情報や近況をツイート（つぶやき）することです。情報発信することでTwitterを利用している他の人と繋がれたり、逆に他の人のツイートで情報をキャッチできたり、メッセンジャーのようにメッセージも送れます。
リアルタイムの情報を送受信できる便利なサービスです。

□ ツイート機能

近況や思っていることを最大140文字で入力して、気軽にツイート（つぶやき）し、情報発信できます。

□ いいね、ブックマーク機能

気に入ったツイートに対して「いいね」をしたりされたりできます。また、他の人のツイートを保存するブックマーク機能もあります。

HINT　Twitterは最新の情報が降順に表示されるタイムライン。

Q152 Twitterでどんなことが できるの？

□ リツイート機能

共有したいツイートを拡散できます。気に入ったツイートやみんなに知ってほしいツイートをリツイートします。

□ トレンド機能

世間での話題や興味関心が強い出来事、ホットワードがトレンドとして表示されます。

□ 通知機能

自分のツイートに対して「いいね」やリツイート、フォローされると画面に通知が表示されます。

□ メッセージ機能

チャットのようにメッセージを送れる機能もあります。

HINT メッセージは文章だけでなく画像や絵文字、ステッカーなども送れます。

Q.153 Twitterをはじめるには？

A. Twitterのアカウントを登録しましょう

Twitterをはじめるためにはメールアドレス（※まれに電話番号）が必要です。Twitterのアプリをダウンロードして以下の操作を行いましょう。

≫ アカウントの登録

アプリをダウンロードし、アプリを立ち上げる

1 ［アカウントを作成］をタップ

2 タップし、名前（ニックネーム）とメールアドレスを入力

3 ［次へ］をタップ

4 ［次へ］をタップ

5 ［登録する］をタップ

下のような画面が表示される

6 ［OK］をタップ

HINT **2**でメールアドレスを登録するには画面下部に現れる［かわりにメールアドレスを登録する］をタップしましょう。

Twitterをはじめるには？ **Q153**

下のような画面が表示される。登録したメールアドレスまたは電話番号宛にSMSで認証コードが送信されるので確認しておく

7 タップして認証コードを入力

認証コードを送信しました
メールアドレスを認証するため、以下にコードを入力してください。　08@　　co.jp

認証コード

メールが届かない場合

8 ［次へ］をタップ

Check 画面の言語が異なる場合

上のように英語で認証コードの確認画面が表示されることもありますが、日本語の場合もあります。どちらも同じ内容なので落ち着いて入力しましょう。

9 パスワードを入力

パスワードを入力
6文字以上の英数字にしてください。

パスワード

10 ［次へ］をタップ

次の画面ではプロフィール画像などを登録できますが、ここでは一旦スキップしています。

11 ［連絡先を同期］または［今はしない］をタップ

連絡先を同期して、Twitterを利用している友だちがいるかチェックしましょう。

連絡先を同期
今はしない

友だちを探したり、コンテンツをカスタマイズしたり（おすすめ情報の提案など）するため、連絡先は今後、定期的に自動アップロードされます。同期をオフにする、またはアップロード済みの連絡先を削除するには、設定画面に移動してください。詳細はこちら

［連絡先を同期］をタップすると友人や知人のアカウントが随時表示される

※［今はしない］をタップすれば後で連絡先を同期できます。

下のような画面が表示される

12 興味のあるトピックをタップするか検索して追加

興味のあるトピックを選ぶか、検索して追加してください
トピックを選んで興味のあるアカウントを見つけましょう。

🔍 興味関心を検索

エンタメ
テレビ　芸術　映画
フード　書籍
さらに表示

スポーツ
野球　サッカー　スポーツ
陸上　バレーボール

今はしない　次へ

13 ［次へ］をタップ

HINT ［連絡先を同期］すると今後自動的に連絡先にひもづくアカウントが表示されます。後で同期をやめるよう設定も可能です。

おすすめのアカウント一覧が表示される

 興味のあるフォローしたいアカウントがあれば［フォローする］をタップ

おすすめのアカウント

through my foundation work and other interests.

北海道日本ハム…
@FightersPR
［フォローする］
北海道日本ハムファイターズの公式アカウントです。沢山の情報をつぶやきますのでお楽しみに！ファイターズの応援宜しくお願いします！！
※スパム行為や誹謗中傷、暴力的な書き込みなどに関しましては球団の判断で通報またはブロックをさせて頂くことがありますのでご了承ください。

唯一無二の絶品グ…
@muni_gurume
［フォローする］
他のお店にはないような料理やスイーツが食べられる！そんな全国のお店を紹介しています。関西エリア専門の（@kansai_zeppin）も運営中。
※過去に紹介したお店も時々、再投

 ［次へ］または［〜件のアカウントをフォロー］をタップ

Twitter社より、適切な情報を配信する為にGPS情報などの登録許可の確認画面が表示される。

15 内容確認の上、［今はしない］または［OK］をタップ

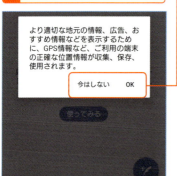

より適切な地元の情報、広告、おすすめ情報などを表示するために、GPS情報など、ご利用の端末の正確な位置情報が収集、保存、使用されます。

今はしない　OK

Column 位置情報の利用について

位置情報が使用されることを許可すると上の画面のようにツイートに位置情報を付けられます。ただ、他のユーザーの検索時などにも位置情報は利用されるので、特に匿名で利用する人などは許可しない方がいいでしょう。許可・不許可の設定は後から変更も可能です（p.298）。

ホーム画面が表示される

HINT　13でフォローしたいアカウントがなければフォローせず［次へ］をタップしても大丈夫です。

Q.154 プロフィールはどこで設定するの？

A. プロフィールアイコンからプロフィール設定画面を開いて設定しましょう

名前、アイコン、ヘッダー画像、自己紹介は他の利用者に覚えてもらう大切な目印になるので、きちんと設定しておきましょう。

≫ プロフィールの変更

◎タブを表示する

1 画面左上のプロフィールアイコンをタップ

左からメニューが表示される

2 ［プロフィール］をタップ

3 ［変更］（Androidの場合は［プロフィールを編集］）をタップ

以下のような変更画面が表示される

それぞれタップすると以下の項目を変更できます。

①	ヘッダー画像の変更
②	アイコンの変更
③	名前の変更
④	自己紹介の変更
⑤	場所の変更
⑥	WebのURLの変更
⑦	生年月日の変更

HINT 場所は位置情報を利用して設定することも可能です。

□プロフィールの変更方法

例としてヘッダー画像の変更を説明する

1 ヘッダー画像をタップ

2 ヘッダー画像に選択したい画像を
タップ

3 白枠に囲まれた部分が実際に表示
される部分なので、それに合わせ
て表示枠をスライド

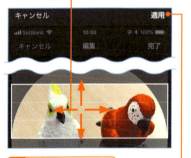

4 ［適用］をタップ

Check 90度回転も可能

画面下の ◎ をタップすると画像の
角度が90度ずつ回転します。

5 画面下の4つのアイコンで編集や
加工を行う（iPhoneのみ）

6 ［完了］をタップ

Check 編集・加工の種類

◎ は自動補正、◎ は色合いを手軽
に変更、◎ はトリミング、◎ はス
タンプの追加です。

以上のようにアイコンも変更する。名
前や自己紹介はそれぞれ設定したい内
容をキーボードで入力する

7 すべてのプロフィールの変更が終
わったら画面上の［保存］をタップ

HINT　Webには自分が利用している他のSNSなど、見てもらいたいサイトのURLを設定しましょう。

Q.155 知り合いをフォローするには？

A. 連絡先から知り合いのユーザーをフォローできます

知り合いや気になる人を「フォロー」することで、その人の近況などを知れます。まずは知り合いをフォローしてみましょう。

≫ フォローの方法

□ 連絡先から知り合いをフォローする

1 設定とプライバシー画面を表示して[プライバシーとセキュリティ]をタップ

設定とプライバシー
@pocpocobaba
アカウント
プライバシーとセキュリティ
通知

2 [見つけやすさと連絡先]をタップ

見つけやすさと連絡先
見つけやすさと連絡先
セキュリティ

3 [アドレス帳の連絡先を同期]をオンにする

連絡先
アドレス帳の連絡先を同期
友だちとつながったり、コンテンツをカスタマイズ（おすすめ情報を表示するなど）したりできるようにするため、連絡先は今後、定期的に自動アップロードされます。同期をオフにしてもアップロード済みの連絡先は削除されません。詳細はこちら

連絡先が同期される

□ おすすめユーザーをフォロー

フォローまたはフォロワー画面の画面上にある[8+]をタップすると、あなたの近くの人気ユーザーや、フォローに基づくおすすめのユーザーが表示されます。

フォローしたい場合は**[フォローする]**をタップ、ユーザーの詳細を知りたい時は表示欄をタップして確認しましょう。

HINT 連絡先の同期をタップしただけではフォローされず、確認して追加できます。

Q.156 キーワード検索でユーザーを見つけてフォローするには？

A. 🔍タブでキーワード検索してフォローしましょう

あらかじめ興味のある有名人、商品などをキーワードにしてユーザーを検索できます。そこからフォローしたいユーザーも手軽にフォローできます。

≫ キーワード検索からユーザーをフォローする方法

🔍タブをタップして検索画面を表示する

1 タップし、キーワードを入力

キーボードの「検索」をタップして検索結果画面を表示する

2 ［ユーザー］タブをタップ

3 フォローしたいユーザーの［フォローする］をタップ

Check 検索履歴

検索すると以下のように検索履歴が残ります。

HINT 検索結果はTwitter社で定めた法則で決まる為、毎回同じ結果だとは限りません。

Q.157 フォロワーとは？ フォロワーをフォローする方法は？

A. 自分をフォローしている人です。[フォローする]をタップしてフォローしましょう

自分をフォローしてくれている人を「フォロワー」と呼びます。どんな人達がフォローしてくれているのか確認する方法とフォローを返す方法を説明します。

≫ フォロワーの確認とフォローする方法

🔲 フォロワーの確認方法

1 自分のアイコンをタップ

フォロワー一覧が表示される。「フォロー中」と表示されているユーザーはすでにフォローしているユーザーで、「フォローする」が表示されているのはフォローしていないユーザー

3 フォローしたいユーザーの[フォローする]をタップ

Check 簡単にメニュー表示

画面左から右へのスライドでもメニューを表示できます。

左側にメニューが表示される

2 [～フォロワー]をタップ

Column フォロワーの事前確認

フォローを返す前に、フォロワーのプロフィールを確認しておきましょう。確認したいユーザーの欄内をタップすることでプロフィール画面が表示されます。

HINT プロフィールを確認し、特に興味のないユーザーならフォローしなくても大丈夫です。

Q.158 フォローを外すにはどうすればいいの？

A. 「プロフィール」画面のフォロー中一覧ユーザーから解除しましょう

疎遠になってしまった人や、何らかの理由でフォローを外したい人へのフォローを外す方法を紹介します。フォローを外す際はよく考えてから行いましょう。

≫ フォロー解除の方法

p.267を参照してメニュー画面を表示させ［プロフィール］をタップする

1 ［～フォロー中］をタップ

フォロー中のユーザー一覧が表示される

2 フォローを外したいユーザーの［フォロー中］をタップ

確認画面が表示される（iPhoneのみ）

3 ユーザー名を確認し、間違いなければ「"@ユーザー名"さんのフォローを解除」をタップ

フォローを解除すると、「フォロー中」だったボタンが「フォローする」に切り替わる。このページから移動すると、この「フォロー中」画面からは表示されなくなる

> **Check** フォローし直すのもOK
> フォローし直すには🔍タブからユーザーの名前などで検索して、［フォローする］をタップしましょう。

> **Column** 解除する際の注意点
> フォローを解除しても相手へ通知されることはありません。ただし、相手がフォロワー一覧を確認すると知られてしまいます。

HINT 企業や商品などの公式アカウントへのフォロー・フォロー解除は遠慮せず行いましょう。

Q.159 ツイートを非表示にしたいユーザーや迷惑なユーザーへの対処法は？

A. 「ミュート」または「ブロック」しましょう

フォローしたまま相手のツイートを非表示にしたい時は「ミュート」しましょう。迷惑行為をする人に対しては「ブロック」しましょう。

≫ ミュート・ブロックに関する設定

□ ミュートする

ミュートしたい人のプロフィール画面を表示する

1 をタップ（Androidの場合は ⋮ ）

坂本千尋
@c2sakamoto フォローされています

下のような画面が表示される

2 ［〜さんをミュート］をタップ

- リストへ追加または削除
- リストを表示
- モーメントを表示
- @c2sakamotoを共有する...
- **@c2sakamotoさんをミュート**
- @c2sakamotoさんをブロック

ミュートした人のツイートがタイムラインに表示されなくなる。フォローはした状態

□ ミュートを解除する

ミュートを解除したい人のプロフィール画面を表示する

1 をタップ（Androidの場合は ⋮ ）

坂本千尋
@c2sakamoto フォローされています

下画像のような画面が表示される

2 ［〜さんのミュートを解除］をタップ

- リストを表示
- モーメントを表示
- @c2sakamotoを共有する...
- **@c2sakamotoさんのミュートを解除**
- @c2sakamotoさんをブロック
- @c2sakamotoさんを報告する

ミュートしていた人のツイートがタイムラインに表示されるようになる

HINT ミュート・ミュート解除は相手に通知されたり知られたりすることはありません。

◻ ブロックする

「ミュートする」の **1** まで行う

1 ［〜さんをブロック］をタップ

- リストへ追加または削除
- リストを表示
- モーメントを表示
- @c2sakamotoを共有する…
- @c2sakamotoさんをミュート
- **@c2sakamotoさんをブロック**
- @c2sakamotoさんを報告する
- キャンセル

ブロックすると以下のような表示になる。お互いフォローできなくなり、個別のメッセージも送信不可能、ツイートも表示されなくなる

◻ ブロックを解除する

「ミュートする」の **1** まで行う

1 ［〜さんのブロックを解除する］をタップ

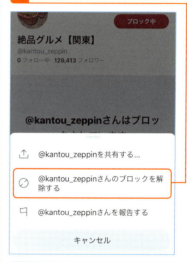

ブロック解除前のように制限はすべて解除される

Check ブロックしていることは相手にもわかる

ミュートと異なり、相手が自分のプロフィール画面を見るとブロックしていることがわかります。また、フォロー関係も解除されます。その為、迷惑行為を行う人に対してはブロックするといいでしょう。

Column ミュートとブロックの使い所

フォローはしたままでツイートは非表示にしたい場合は「ミュート」、全ての情報を遮断したい場合は「ブロック」しましょう。

HINT 親しかった人など知り合いにブロックされても気にしないようにしましょう。

Q.160 フォローしている人が増えてしまってタイムラインが追えない時は？

A. リストを作成してリスト毎に確認するようにしましょう

フォローした人が多くなるとタイムラインが沢山届き、読みたかった情報を見逃してしまう可能性があります。そんな時はリストを作成しましょう。

≫ リストの利用方法

□ リストの作成

ホーム画面を表示し、自分のアイコンをタップし、メニューを表示する

1 [リスト] をタップ

2 📋または [リストを作成] をタップ

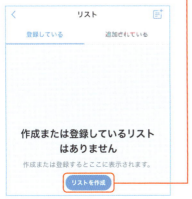

「リスト作成」画面が表示される

3 タップして名前を入力

4 タップして説明を入力

5 そのリストを公開したい場合はスイッチをオフ、非公開にしたい場合はスイッチをオンにする

6 [完了] をタップ

以下のように「リスト」画面に作成したリストが表示される

> **Check** リストの見方
>
> 上の画面のリスト欄をタップするだけで、リストに追加した人のツイートだけが時系列順に表示されます。

HINT 「リスト」画面の [追加されている] タブには自分が追加されているリストが表示されます。

🗹 リストに追加

リストに追加したい人のプロフィール画面を表示する

1 ・・・をタップ（Androidの場合は ⋮ ）

下のような画面が表示される

2 ［リストへ追加または削除］または［リストに追加］をタップ

下のような画面が表示される

3 追加したいリストをタップ

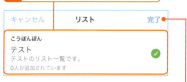

4 ［完了］をタップ

リストに追加される

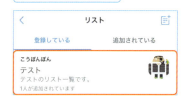

🗹 リストから削除

「リストの作成」の **1** まで行い、「リスト」画面を表示する

1 削除したいリストをタップ

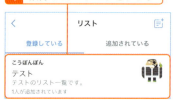

2 ［編集］をタップ（Androidの場合は ⋮ から［リストを編集］）

3 画面下の［ユーザーの管理］をタップ

リストに追加しているユーザー一覧が表示される

4 削除したいユーザー横の×をタップ

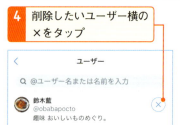

HINT 自分が見たい情報のカテゴリごとにリストを作成すると見やすくなります。

Q.161 特定の人のツイートや写真だけを見るには？

A. 相手のプロフィール画面を表示して［ツイート］、［メディア］タブで見ましょう

ホーム画面で見過ごしてしまったツイートや特定の人のツイートを見返したい時には相手のプロフィール画面から見ましょう。

≫ 特定の人のツイートやメディアなどをまとめて見る方法

◻ 特定の人のツイートだけを見る

ツイートを見たい人のプロフィール画面を表示する

1 ［ツイート］をタップ

ツイートだけがまとめて表示される

◻ 特定の人の写真（メディア）だけ見る

1 「特定の人のツイートだけを見る」の **1** で［メディア］をタップ

画像の付いたツイートだけがまとめて表示されます

HINT ［ツイートと返信］では返信も含めたツイート、［いいね］はいいねしたツイートが見られる。

Q.162 検索はどうやってできるの？

A. 🔍タブのキーワード検索入力欄から検索できます

Twitterは情報収集にもとても役立つサービスです。気になるキーワードを検索すれば、色んな人の反応や新しい情報を収集できます。

≫ 検索方法

ロ 検索する

1 🔍タブをタップ

2 ［キーワード検索］入力欄をタップし、検索したいキーワードを入力

検索結果が表示される

赤枠内のタブを切り替えることでそれぞれに沿った内容が表示される

話題	現在人気の投稿を表示
最新	新規投稿順にすべての投稿を表示
ユーザー	キーワードに合致するユーザー名やプロフィールのユーザーを表示
画像	画像付きのツイートのみを表示
動画	動画付きのツイートのみを表示

Check 検索候補

キーワード入力中に検索候補が表示されることがあります。

HINT 検索を行うと検索履歴も残ります。入力欄をタップするだけで検索候補に表示されます。

Q.163 Twitterで話題になっているニュースやワードをチェックするには？

A. トレンドやモーメントを見ましょう

Twitterでは話題のニュースやワードを「トレンド」や「モーメント」ですぐに確認できます。その確認方法を説明します。

≫ トレンドとモーメントの確認方法

☐ トレンドを確認する

トレンドとは、今多くの人がツイートしているワードのこと

1 🔍 タブをタップ

画面上部に「おすすめトレンド」が表示される。各トレンドをタップすると、トレンドのワードを含むツイートが検索結果として表示される

> **Check　6位以降の確認方法**
> トレンドは10位まで確認できます。上画面の［さらに表示］をタップすると1位から10位まで確認できます。

☐ 今日話題のモーメントを確認する

モーメントとは、ツイートをまとめたもの

1 🔍 タブをタップし［いまどうしてる？］の文字が見えるまでスライド

いまどうしてる？

動物・4 時間前
動画🐈東福寺の枯山水を崩さず歩く猫

訃報・今日
コラムニストの勝谷誠彦さん死去 57歳

映画・今朝
声優の下野紘さんが実写映画に初主演 複雑な思い抱えるファンも

今日話題になっているモーメントの一覧が表示される。各モーメントをタップすると、まとめられているツイートが一覧で表示される

> **Check　さらに表示**
> ［さらに表示］をタップすると、さらに多くのモーメントを確認できます。

HINT モーメントは本来画面いっぱいに表示されますが、ここではツイート形式で表示されます。

Q.164 ツイートはどうやってするの？

A. ツイートアイコンをタップして今の気持ちや近況をツイートしましょう

今の気持ちや状況、フォロワーや多くの人たちに知ってもらいたいこと、共有したいことなどをツイートしてみましょう。

ツイート方法

ツイートする

ホーム画面を表示する

1 タップ

ツイート画面が表示される

2 最大140文字で入力

3 ［ツイート］をタップ

Check タイムラインとは

Twitterにおける「タイムライン」とは、複数のツイート（つぶやき）の一覧のことです。フォローしている人と自分のツイートが時系列順の降順で表示されます。

HINT　タイムラインにはリツイートや広告ツイートなども表示されます。

Q.165 フォロワーなどのツイートにコメントする方法は？

A. ツイートへの返信である「リプライ」は 💬 をタップしましょう

Twitterの「リプライ」は「返信」という意味で、短縮して「リプ」と呼ばれる場合もあります。リプライでツイートに返信する方法を説明します。

≫ リプライ（返信）の利用方法

□ リプライ（返信）する

1 返信したいツイートの 💬 をタップ

2 ツイートと同じようにメッセージを入力し、[返信]タップ

□ 自分へのリプライ（返信）を確認する

1 ホーム画面の 🔔 をタップ

「通知」画面の一覧からリプライを確認できる

Check [@ツイート]で絞り込み

通知が多い場合は、上画面の[@ツイート]をタップするとリプライのみが一覧で表示されるので活用しましょう。

HINT　フォロワー以外の知人でない人へのリプライをする場合は丁寧にリプライしましょう。

Q.166 写真や動画を付けてツイートするには？

A. ツイートする時に🖼から画像を選択してツイートしましょう

ツイートは文章だけではなく、画像や動画も一緒に付けてツイートできます。今回は写真を付けてツイートしてみましょう。

≫ 画像を付けてツイートする方法

ホーム画面を表示

1 🖊をタップ

2 🖼をタップ

画像選択画面が表示される

3 ツイートに付けたい画像をタップ（同時に4つまで付けられる）

4 ［追加する］をタップ

5 必要であれば文章を入力

6 ［ツイート］をタップ

> **Check その場で撮影するのも可能**
>
> 今回は保存済の画像を選択していますが、上記の「カメラ」をタップしてその場で撮影した写真も付けられます。

HINT　その他にもアンケートを取ったり位置情報を付けたりできます。

ハッシュタグって何？どうやって使うの？

Q.167

A. ハッシュタグを付けると同じ話題が共有しやすくなります。#を使いましょう

ハッシュタグ（#）の付いたワードは青文字で表示され、タップするとそのワードの検索結果画面が表示されます。同じ話題を共有しやすくなります。

» ハッシュタグの利用方法

□ハッシュタグを付けてツイートする

p.276を参照してツイート画面を表示する

1 #を入力し、続けて指定したいワードを入力

2 ［ツイート］をタップ

□ハッシュタグによる共通ワード一覧の表示

ハッシュタグ（#）が付いたワードをタップすると、以下のように同じワードの検索結果が表示される

□#を入力時に注意すること

○ ♯（シャープ）と間違えない
ハッシュタグで使う#と♯（シャープ）はとてもよく似ていますが、異なります。ハッシュタグはキーボードからも手軽に入力できますが、「いげた」と入力して変換しても入力できます。

○ ハッシュタグで使えない文字がある
ハッシュタグ（#）で指定するワードにはすべての日本語、アルファベットが利用できます。ただし、記号、句読点、スペースはハッシュタグ内で使用できません。
使用できない文字を入れるとハッシュタグに指定したワードが青文字ではなく黒文字になるので、この方法で使える文字を確認するのもいいでしょう。

HINT ハッシュタグにはイベント名や商品名などが指定されることが多いです。

Q.168 メンションって何？どう使うの？

A. フォロワーなどをメンションに指定して通知を届けます。「@」を使いましょう

メンションは、あなたのメッセージを読んでほしい相手を指定したい時、または自分のツイートでその人をフォロワーに紹介したい時に利用する機能です。

≫ メンションの使用方法

p.276を参照してツイート画面を表示する

1 「@」を使ってメンションを使用して入力

2 [ツイート] をタップ

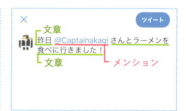

文章／昨日 @Captainakagi さんとラーメンを食べに行きました！／文章／メンション

自分が他の人にメンションされると通知が届きます。また逆に自分がメンションした時も、相手に通知が届き気付かれやすい利点があります。

Column メンションの入力方法

少しだけ複雑ですが、理解すれば簡単なのでメンションの入力方法を知っておきましょう。
「@ユーザー名」の後ろはスペースか改行を入れる必要があります。また、投稿欄に「@」を入力するとフォロー・フォロワーなどが入力候補として表示されるので、タップで選択すると入力が楽です。

HINT フォロワーにこの人を知って欲しいという時にも使用するといいでしょう。

Q.169 誤って投稿したツイートを削除するには？

A. 削除したいツイートの ▽ をタップしましょう

誤った内容のツイートも簡単に削除できます。削除したツイートは他の人のタイムラインからも削除されるので安心です。落ち着いて操作しましょう。

≫ ツイートの削除

削除したいツイートを表示する

1 削除したいツイートの右上にある ▽ をタップ

2 ［ツイートを削除］をタップ

ツイートを削除する最終確認画面が表示される

3 ［削除］をタップ

Check 削除したいツイートがタイムラインから追えない場合

p.263を参照してメニュー画面を表示させ［プロフィール］をタップし、［ツイート］タブから削除したいツイートを見つけましょう。

HINT 投稿したツイートは修正できないので、内容や文字の誤りなどをした際は削除して再投稿しましょう。

Q.170 リツイートはどうやってするの？

A. リツイートしたいツイートの  をタップしましょう

拡散したいツイートをリツイートすることであなたのタイムラインにも表示できる機能です。RTとも呼ばれます。

≫ リツイートの方法

□ リツイートする

1 リツイートしたいツイートの  をタップ

2 [リツイート] をタップ

□ 引用リツイートする

1 引用リツイートしたツイートの  をタップ

2 [コメントを付けてリツイート] をタップ

3 コメントを入力

4 「リツイート」をタップ

Check リツイート済みの表示

リツイートすると  が緑色の  に切り替わります。

HINT Twitterで話題になるツイートはこのリツイートによって広がったものです。

Q170 リツイートはどうやってするの？

以下のように表示される

□ リツイートの取り消し

リツイートを取り消したいツイートを表示する

1 ⟲ をタップ

2 メニュー選択画面が表示されるので、[リツイートを取り消す]をタップ

Check 引用リツイートはアイコンの色が切り替わらない

引用リツイートは、元のツイートを引用した新しいツイートなのでアイコンの色は切り替わりません。また、このツイートは自分や他の人がリツイートできます。

Column 引用リツイートの注意点

リツイートすると相手に通知が届きます。引用リツイートも相手に通知が届きますが、入力したコメントも一緒に届くので、なるべく仲の良いフォロワーなどに対して送るといいでしょう。
もちろん、知らない人に対しては特に否定的なコメントなどはしないようにしましょう。

□ 引用リツイートの削除

引用リツイートはあくまで新しいツイートとして扱われるので、取り消しではなく削除で消します。通常のツイートの削除と同じようにp.281を参照して削除してください。

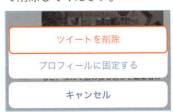

HINT 引用リツイートを嫌がるユーザーもいるので、知人でない人へ行う場合は熟考しましょう。

Q.171 特定の相手とだけ会話をしたい時はどうすればいい？

A. プライベートなメッセージはダイレクトメッセージで伝えましょう

ツイートやリプライでのメッセージは基本的に全体に公開されるので、他の人に読まれたくない会話をする際はダイレクトメッセージ（DM）を利用しましょう。

≫ ダイレクトメッセージの利用方法

✉をタップし、「メッセージ」画面を表示する

1 ✉をタップ

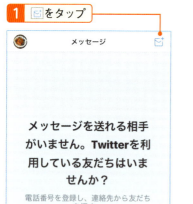

新しくメッセージを送る人の検索画面が表示される

2 メッセージを送りたい人の名前やIDを入力

3 検索結果が表示されるので送りたい人をタップ

メッセージを送る人の名前が表示される

4 タップして送りたいメッセージを入力

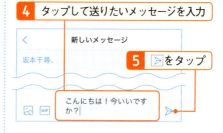

5 ➤をタップ

Check 2人以上で会話したい場合

2人以上で会話したい場合は名前が表示されている欄をタップし、さらに送信相手を追加しましょう。

送信すると青いフキダシでメッセージが表示される。相手のメッセージは灰色のフキダシで表示される

HINT チャットと同じような感覚で特定の人とだけ会話を楽しめます。

Q171 特定の相手とだけ会話をしたい時はどうすればいい？

◻ 既読かどうか確認する方法

例外をのぞいて、送ったメッセージを相手が読んだ場合、メッセージのフキダシ下のチェックマークが青色に表示されます。
また、この青いフキダシをタップして「既読」と表示された場合も同様です。

チェックマークが灰色の状態だと、相手はまだ確認していません。

◻ 既読通知設定を変更する

ただし、さきほど説明したように例外があります。既読通知設定をオフにしていると、たとえ確認していたとしてもチェックマークは灰色のまま、既読とも表示されません。
メッセージを確認したいけれど返信する時間がない、という場合はこの設定を行っておくといいでしょう。

p.263を参照してメニューを表示する

1 ［設定とプライバシー］をタップ

2 ［プライバシーとセキュリティ］をタップ

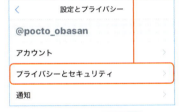

3 ［既読通知を表示］のスイッチをオフにする

HINT チェックマークが青色で返信が届く場合は相手の既読通知がオンになっています。

Q.172 「いいね」はどうやって付けるの？ ブックマークの方法は？

A. 「いいね」はツイート欄の♡、ブックマークは⬆️または〔共有〕をタップ

気に入ったツイートがあれば「いいね」を付けてみましょう。自分が付けた「いいね」のツイートは「プロフィール」から後で確認できます。

≫ いいねの使用方法

□「いいね」を付ける

良いと思ったツイート、気に入ったツイートに対して行う

1 ♡を1回タップ

「いいね」を付けると♡が赤色の♥に切り替わる

□「いいね」を外すと♥が赤色の♡に切り替わる

makeit.press

□「いいね」したツイートを確認する

p.263を参照してメニュー画面を表示させ［プロフィール］をタップする

1 ［いいね］タブをタップ

こうぼんぼん
@Captainakagi
気持ちは20歳！
194 フォロー中　164 フォロワー
ツイート　ツイートと返信　メディア　いいね

メイクイット by モデルプレス 1時間
＼クッションファンデの使い方／

「いいね」一覧が、いいねをタップした順番に表示される

□「いいね」を取り消す

「いいね」を付けたツイートを表示する

1 ♥を1回タップ

> **Check** ［いいね］タブが見えない時
>
> 端末サイズによっては［いいね］タブが見えないかもしれません。そんな時は、［いいね］が見えるようになるまでタブを右から左にスライドして移動させましょう。

HINT ツイートが削除されるといいねからも消えますが⬆️をタップしてダイレクトメッセージを自分宛に送ればOK。

≫「ブックマーク」の使用方法

□「ブックマーク」への登録

「ブックマーク」したいツイートを表示する

1 ⬆ または ⬀ をタップ

下記のようなメニュー画面が表示される

2 ［ブックマークに追加］をタップ

□「ブックマーク」の確認

p.263を参照してメニュー画面を表示する

1 ［ブックマーク］をタップ

「ブックマーク」画面が表示され、ブックマークしたツイートの一覧が表示される

□「ブックマーク」の削除

1 削除したいツイートの ⬆ または ⬀ をタップ

下記のようなメニュー画面が表示される

2 ［ブックマークから削除］をタップ

HINT ブックマークをすべて削除したい場合は画面上の ▦ をタップして［保存を全て削除］タップ。

Q.173 Twitterでアンケートって取れるの？

A. ツイート画面の 📋 から アンケートを作成できます

Twitterではツイート機能の1つとして選択式のアンケートが気軽に行えます。素朴な疑問を聞くことでフォロワーとの交流が楽しめます。

≫ アンケートの利用方法

□アンケートを作成する

1. 🏠タブで ✏️ をタップ

ツイート投稿画面が表示される

2. 📋 をタップ

アンケート入力欄が表示される

3. 通常のツイートと同じ入力欄に質問内容を入力
4. タップして選択肢を入力
5. 選択肢が3つ以上必要ならタップ（最大4つの選択肢）
6. 投票期間をスライドして選択
7. ［ツイート］をタップ

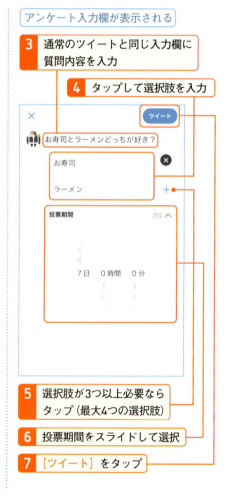

HINT　削除したい場合は通常のツイートと同じくp.281の手順で削除しましょう。

Q.174 「~さんが返信しました」という画面は何？

A. 通知画面です。返信内容が数行確認でき、タップするとアプリが起動します

Twitterでは、リプライ（返信）などの反応があると通知画面が表示されます。この画面をタップするだけでアプリも起動できます。

≫ 通知の確認方法

リプライ（返信）などが自分宛に送信されると、画面上に以下のような通知画面が表示される

1 通知画面をタップ

アプリが起動し、通知内容の詳細が確認できる

Check 通知を一気に確認する

タブをタップすると、これまでに届いた通知が一覧で表示されます。

通知があると、ホーム画面のTwitterアイコンに赤丸で囲まれた数字が表示される。数字は通知数の件数

Check 通知が出ない場合

このような通知画面が表示されない場合は、「プッシュ通知」が無効になっています。次ページを参照して、以下のように「@ツイートと返信」のプッシュ通知のスイッチをオンにしましょう。

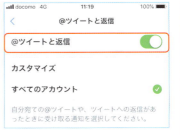

HINT リプライ以外にも、RTされたりDMが届いたり、さまざまな通知が表示されます。

Q.175 通知を減らしたいけどどうすればいいの？

A. 「設定とプライバシー」から[プッシュ通知][メール通知]で設定しましょう

プッシュ通知やメールからの通知が頻繁に来ると煩わしいですね。そんな時には、自分が受け取りたいシーン毎に通知設定を行いましょう。

》通知の設定

□ プッシュ通知の設定

p.263を参照してメニュー画面を表示する

1 [設定とプライバシー]をタップ

「設定とプライバシー」画面が表示される

2 [通知]をタップ

通知画面が表示される

3 [プッシュ通知]をタップ

スマホ端末の通知設定がオフの場合は、一旦スマホ端末の設定メニューへ遷移します。
通知設定をオンにしてから、再度Twitterアプリで設定しましょう。

□ メール通知の設定

「プッシュ通知の設定」の**3**で[メール通知]をタップすると以下のような設定画面が表示されるので、各スイッチのオン・オフを切り替える

HINT 「ハイライト」や「トップツイート」など自分に関係のない通知もここからオフにできます。

Q.176 自分の連絡先を知っている人に見つからないようにするには？

A. 「設定とプライバシー」画面から[プライバシーとセキュリティ]で設定しましょう

これまでに電話番号やメールアドレスを登録しましたが、これらの情報を持っている知人のTwitterに「おすすめユーザー」などで表示されないようにします。

≫ 連絡先の情報からアカウントを知られないようにする方法

p.263を参照してメニュー画面を表示する

1 [設定とプライバシー]をタップ

「設定とプライバシー」画面が表示される

2 [プライバシーとセキュリティ]をタップ

「プライバシーとセキュリティ」画面が表示されるので下へスライドする

3 [見つけやすさと連絡先]をタップ

4 [メールアドレスの照合と通知を許可する]のスイッチをオフにする

5 [電話番号の照合と通知を許可する]のスイッチをオフにする

HINT 反対に知人とつながりたい場合は[アドレス帳の連絡先を同期]をオンにしましょう。

Q.177 ユーザー名やアカウント名を変える方法は？

A. ユーザー名は［設定とプライバシー］で、アカウント名はプロフィールで

Twitterには「ユーザー名」と「アカウント名」という2つの名前が各アカウントに設定されています。それぞれの説明と変更方法を紹介します。

≫ ユーザー名とアカウント名の変更方法

□ ユーザー名・アカウント名とは

「アカウント名」はニックネームで、さまざまな場所に表示される、他の人があなたを認識するための名前です。自由に設定できます。
「ユーザー名」は「@」が先頭に付くユーザー固有のもので、重複はできません。

□ ユーザー名を変更する

p.263を参照してメニュー画面を表示する

1 ［設定とプライバシー］をタップ

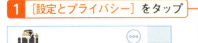

2「設定とプライバシー」画面で［アカウント］をタップ

3「アカウント」画面で［ユーザー名］をタップ

［ユーザー名］をタップすると確認画面が表示されるので［次へ］をタップ

4 ユーザー名を入力

5 ［完了］をタップ

HINT ユーザー名にはアルファベットと数字しか設定できません。

ユーザー名やアカウント名を変える方法は？ Q177

□アカウント名を変更する

p.263を参照してメニュー画面を表示する

1 [プロフィール]をタップ

プロフィール画面が表示される

2 [変更]をタップ

3 [名前]の入力欄をタップしてアカウント名を入力

4 [保存]をタップ

Check ユーザー名とアカウント名を変更するタイミング

ユーザー名を変更するタイミングですが、例えば初期設定時に意味のないアルファベットの羅列をそのまま設定していると、ログイン時などに入力するのが大変です。そんな時、自分が入力しやすいワードに変更するといいでしょう。

アカウント名は、フォロワーのタイムラインや、ツイートがリツイートされた時、検索された時などに表示される自分の顔のようなものなので、頻繁に変えるのはおすすめしません。ですが、その時の気分や状況で名前に文字を足したり、絵文字を付けたりする場合などに変更することがあるでしょう。

その時その時のタイミングで変更していきましょう。

HINT　フォロワーはアイコンと名前で誰なのかを認識するので同時に変更するのは避けましょう。

Q.178 プライベート用と仕事用とでアカウントを複数使える？

A. 複数のアカウントを使い分けるのは可能で、切り替えも簡単です

Twitterでは1人で複数アカウントを持てるので、プライベート用や仕事用といった用途に合わせた使い分けができます。アプリでは切り替えも簡単です。

≫ 複数のアカウントの作成と使い方

2つ目のアカウントを作る

p.263を参照してメニュー画面を表示する

1 ⊙または⌄をタップ

2 [新しいアカウントを作成]をタップ

3 タップしてアカウント名を入力

4 タップして電話番号を入力

5 [次へ]をタップ

Check 作成時のポイントや注意点

電話番号ではなくメールアドレスで登録したい場合は［かわりにメールアドレスを登録する］をタップして「メールアドレス」を入力しましょう。また、複数のアカウントを作成する場合はそれまでに作成したアカウントで使用したメールアドレスは使用できません。ただし電話番号なら可能です（2019年8月現在）。そのことを踏まえて登録しましょう。

入力内容確認画面が表示される

6 [登録する]をタップ

HINT Gmailのエイリアス機能で作成したメールアドレスを利用した場合電話番号を要求されます。

プライベート用と仕事用とでアカウントを複数使える？ | **Q178**

パスワード入力画面が表示される

7 [パスワード]入力欄をタップして入力

8 [次へ]をタップ

連絡先同期の確認画面が表示される

9 連絡先を利用してフォロー追加する場合は[連絡先を同期]、しない場合は[今はしない]をタップ

画面の指示に従って設定を進めると、以下のように作成が完了

□アカウントの切り替え方法

1 タブの自分のアイコンをタップ

メニュー画面が表示される

2 切り替えたいアイコンをタップ

> **Check** **4つ以上のアカウントを保持した状態で切り替える**
>
> 3つのアカウントを保持している状態だと、上のようにアイコンのタップだけでアカウントが切り替えられますが、4つ以上だと4つ目以降のアカウントのアイコンは表示されません。この場合は、をタップしてすべてのアカウントを表示させ、切り替えたいアカウントをタップして切り替えましょう。

HINT 作成後に電話番号を要求またはロックがかけられた場合は「Twitter ロック」などで検索。

Q.179 知らない人からダイレクトメッセージを受け取らないようにするには？

A. [設定とプライバシー]の[プライバシーとセキュリティ]から設定しましょう

p.284で紹介したダイレクトメッセージ（DM）を、フォローしていない人から受け取らないように設定する方法を紹介します。

≫ ダイレクトメッセージをフォローしている人からのみ受信する方法

p.263を参照してメニュー画面を表示する

1 [設定とプライバシー]をタップ

「設定とプライバシー」画面が表示される

2 [プライバシーとセキュリティ]をタップ

3 [ダイレクトメッセージ]の[すべてのアカウントからメッセージを受け取る]のスイッチをオフにする

自分がフォローしている人からのみDMを受け取ることができるようになる。自分がフォローしていない人は自分に対してDMは送れない

Column　迷惑行為が続く時はブロック

上記の設定をする前にDMが届き、設定後もしつこくリプライ（返信）などしてくるようなアカウントであれば、p.270を参照してブロックしてしまえばDMもリプライも届かなくなります。

HINT 仕事の関係上、すべてのアカウントからDMを受け取りたい場合はスイッチをオンにしましょう。

Q.180 悪質な嫌がらせを受けているがどうすればいい？

A. 該当ツイートの⌄から問題を報告しましょう

Twitterで悪質な、または執拗な嫌がらせをされて困っている場合は、対象のユーザーを報告し、Twitter社に判断を委ねましょう。

≫ 悪質なユーザーを報告する方法

p.269で紹介した「ブロック」や「ミュート」である程度の嫌がらせは防げますが、例えばあなたへの中傷を全体にツイートし続ける場合は「問題を報告」しましょう。

📷 タブを表示させる

1 問題のツイートの⌄をタップ

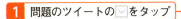

以下のような選択画面が表示される

2 [ツイートを報告する]をタップ

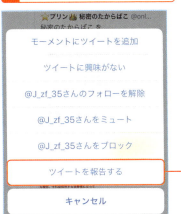

以下のような画面で問題の詳細を聞かれる

3 [不適切または攻撃的な内容を含んでいる]をタップ

不適切または攻撃的な内容を含んでいる

以下のような画面で理由を聞かれる

4 合致する回答をタップ

指示に沿ってタップしていくと完了

> **Check** 報告が反映されるまでの期間は？
>
> 結果が反映されるまでTwitter社による内容確認に時間がかかる場合もあります。

HINT このような事態に遭遇した場合、落ち着くためにTwitterをしばらく見ないのがおすすめです。

Q.181 確実に位置情報を公開しないようにする方法は？

A. 端末の設定で位置情報の公開をオフにしましょう

Twitterではツイートに位置情報を追加できますが、個人情報を晒したくない場合は位置情報の公開をオフにしておくといいでしょう。

≫ 位置情報を非公開にする方法

□iPhoneの場合

端末のホーム画面を表示させる

1 [設定] アイコンをタップ

「設定」画面が表示されるので下へスライド

2 [Twitter] をタップ

3 [位置情報] をタップ

4 [許可しない] をタップ

□Androidの場合

※機種によって表記などが異なる可能性があります。

端末のホーム画面を表示させる

1 [設定]アイコンをタップ

設定画面が表示される

2 [アプリ] をタップ

HINT　位置情報をツイートに追加すると思わぬトラブルが発生する可能性があるので避けましょう。

確実に位置情報を公開しないようにする方法は？　**Q181**

アプリ一覧画面が表示される

3　[Twitter] をタップ

Check　上記以外のケース

[アプリの権限] という項目がある場合、そちらをタップすることで位置情報の設定ができる端末もあります。

アプリの情報画面が表示される

4　[許可] をタップ

アプリの権限に関する画面が表示される

5　[位置情報] のスイッチをオフにする

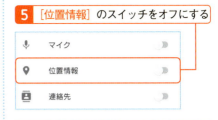

Check　位置情報の注意点

写真をツイートする時は、撮影場所である位置情報を公開していいか、同行者がいる場合は写真そのものを公開していいか、必ず確認しておきましょう。

Column　位置情報を公開したい場合

今回は位置情報を公開したくないという前提で非公開に設定しました。しかし宣伝などのため、会社や個人から公に位置情報を発信したい場合もあるかと思います。
そのような場合はiPhoneなら「iPhoneの場合」の**4**で[このAppの使用中のみ許可]をタップし、Androidなら「Androidの場合」の**5**で[位置情報]のスイッチをオンにして、位置情報を公開しましょう。

HINT　Androidの操作がわからない場合は、位置情報の設定方法を端末名を添えて検索しましょう。

Q.182 パスワードはどこで変更するの？

A. ［設定とプライバシー］の［アカウント］で変更しましょう

パスワードが漏洩した場合や、他のWebサービスやTwitterアカウントで同じパスワードを使いまわしている場合はパスワードを変更しましょう。

≫ パスワードの変更方法

□ パスワードを変更する

パスワードが漏洩した場合、また、他のWebサービスや他のTwitterアカウントでパスワードの使い回しをしている場合、パスワード変更しましょう。

p.263を参照してメニュー画面を表示する

1 ［設定とプライバシー］をタップ

「設定とプライバシー」画面が表示される

2 ［アカウント］をタップ

「アカウント」画面が表示される

3 ［パスワード］をタップ

「パスワードを更新」画面が表示される

4 ［現在のパスワード］入力欄をタップして入力

5 ［新しいパスワード］入力欄をタップして入力

6 ［パスワード確認］入力欄をタップして入力

7 ［完了］をタップ

HINT パスワードの定期的な変更はセキュリティを高める重要な対策です。

Q.183 パソコンでTwitterは使える？

A. 使えます。スマホで使用したい場合は、https://twitter.comにアクセスしましょう

パソコンでTwitterを使う方法とスマホでパソコン版を操作する方法を紹介します。パソコン版・アプリ版それぞれで、操作できること・できないことがあります。

≫ パソコン版の使用方法

□ パソコンでTwitterを使用する

ブラウザの検索窓にTwitterのURL「https://twitter.com」を入力し、Twitterのログイン画面を表示させる

1. クリックしてユーザー名を入力
2. クリックしてパスワードを入力

3. [ログイン]をクリック

以下の画面が表示されログイン完了

スマホで利用しているアプリ版とほぼ同じように使用できる

□ スマホでパソコン版を利用する

1. ブラウザ[Safari][Chrome]などで検索窓にTwitterのURL「https://twitter.com」を入力

「モバイル版」という表示形態になるので以下の通り操作する

○ iPhone（Safari）の場合

1. 画面下の□をタップ

2. [デスクトップ用サイトを表示]をタップ

パソコン版のTwitter画面が表示される

○ Android（Chrome）の場合

1. ⋮をタップし、[PC版サイト]をタップ

パソコン版のTwitter画面が表示される

HINT パソコン版では、これまでにツイートした内容をダウンロードできる「全ツイート履歴を取得する」などがあります。

Q.184 リンクを共有するには？

A. 共有したいツイートの 🔼 をタップしましょう

Twitterで発見した情報を他のSNSなどで共有したい場合、ツイートのリンク（これをタップするとツイートが表示されるものです）を送れます。

≫ リンクの共有

1 🔼 または 🔗 をタップ

選択画面が表示される

2 ［その他の方法でツイートを共有］をタップ

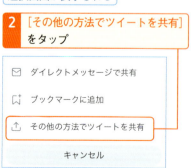

共有できるアプリが表示される

3 共有したいアプリをタップ（今回はFacebookをタップ）

下のような画面が表示される

HINT 共有したいアプリが表示されない場合は右端の［その他］をタップして追加しましょう。

Q.185 Twitterのアカウントを削除する方法は？

A. ［設定とプライバシー］から削除しましょう

Twitterのアカウントを削除（退会）する方法を紹介します。これまでのツイートデータはすべて削除され、検索結果にも表示されなくなります。

≫ アカウント削除方法

HINT　誤って削除しても30日以内にログインすればアカウントの復活が可能です。

プライバシー保護

プライバシーを保護しよう

個人情報を守ろう！

パスワードは定期的に変更しよう！

個人情報が漏れているか確認しよう！

万が一漏れてもあわてず対応しよう！

パスワードの定期的な変更

情報の公開制限

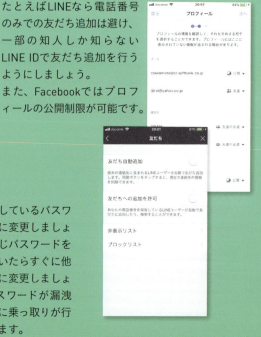

たとえばLINEなら電話番号のみでの友だち追加は避け、一部の知人しか知らないLINE IDで友だち追加を行うようにしましょう。
また、Facebookではプロフィールの公開制限が可能です。

アプリに設定しているパスワードは定期的に変更しましょう。また、同じパスワードを使いまわしていたらすぐに他のパスワードに変更しましょう。1つのパスワードが漏洩すると流動的に乗っ取りが行われてしまいます。

≫ 詐欺に遭わないため・遭ってしまった時の対応

詐欺に遭わないためには「自分は詐欺には引っかからない」という気持ちを捨てることがまず大切です。
最近の詐欺は巧妙になっているので、少しでも異常を感じたら警戒する、周りに確認するようにしましょう。
不審な人やアカウントからのメッセージがあった場合は接触しないようにしましょう。

もしも情報が漏洩してしまった場合は、あわてずに本書に書いてあるように対応しましょう。電話番号やパスワードの変更、クレジットカードの利用停止や口座一時停止など、ケース別に冷静に対処しましょう。

プライバシー保護

→ 他にも為になる機能が盛りだくさん！

Q.186 個人情報を守ってSNSを利用するには？

A. 各アプリの使用時の注意事項を確認し、漏洩時にもあわてず対応しましょう

SNSは多くの人と交流できるぶん、悪意を持った第三者が潜んでいる可能性があります。個人情報を守るための対処法を紹介します。

≫ 個人情報を守る方法と漏洩してしまった場合の対処法

□個人情報を漏らさないために

SNSを利用していると思わぬことから個人情報が流出してしまう可能性があります。
これからLINE、Instagram、Facebook、Twitter各SNSアプリを利用する時に気を付けることと、その対策について紹介します。

○LINE

①	電話番号の漏洩を防ぐ	p.031
②	メールアドレスの変更	p.129
③	パスワードの定期的な変更	p.129
④	不要になったLINE削除	p.130
⑤	LINEを自分以外に見せない	p.122
⑥	他人にID検索させない	p.123
⑦	不正ログイン対策	p.134

○Instagram

①	メールアドレスの変更	p.177
②	電話番号の変更	p.177
③	パスワードの定期的な変更	p.178

○Facebook

①	友達か確認する	p.206
②	パスワードの定期的な変更	p.244
③	二段階認証の設定	p.246
④	個人情報に公開制限設定	p.242
⑤	アカウント乗っ取りを防ぐ	p.248

○Twitter

①	位置情報を送信しない	p.298
②	パスワードの定期的な変更	p.300

□詐欺に遭わないための心構え

悪意のある第三者が個人情報を抜き出すためにアプローチをしてくる可能性もあります。具体的には、言葉巧みに別サイトへ誘導してクレジットカード情報や銀行口座の情報を入力させたり、端末自体をウイルスに感染させたりといったことが起こりえます。
==知らない人から送られてきたURLにはアクセスしない、少しでも怪しいと思ったら無視する、お金儲けなどおいしい話が来たら必ず疑う、ということが大切です。==

個人情報を守ってSNSを利用するには？ | **Q186**

上記のように、送り手が知人であっても不審なURLはむやみに触れないようにしましょう。

個人情報が流出した場合の対処法

それでも個人情報（電話番号やメールアドレス、各SNSのアカウント・パスワード）が流出してしまった場合は、すぐに各情報を変更しましょう。

○ 電話番号の変更

docomo/au/SoftBankの主要3キャリア他、契約している携帯電話会社のサポートセンターに問い合わせて電話番号を変更しましょう。電話番号を変更した際には家族や友人知人へ変更した旨を連絡するようにしましょう。

○ メールアドレスの変更

docomo/au/SoftBankの主要3キャリアのメールアドレスは、それぞれメール設定から変更できます。この変更したメールアドレスをSNSに新しく登録しましょう。また、普段あまり利用していないメールアドレスであれば、使用をやめるというのも一つの手です。

○ SNSのアカウント・パスワードの変更

以下ページで各SNSのIDやパスワードを変更する方法を紹介しています。

LINE	Q062	p.129
Instagram	Q101	p.178
Facebook	Q146	p.244
Twitter	Q182	p.300

○ クレジットカード番号が流出した可能性がある場合

直ちにクレジットカードの停止の連絡を行いましょう。主要クレジットカードの紛失時の連絡先は以下の通りです。音声ガイドに従って連絡しましょう。

- 三井住友VISAカード
  URL：https://www.smbc-card.com/mem/goriyo/lost.jsp
  電話番号：0120-919-456
- JCBカード
  URL：https://www.jcb.co.jp/renraku/authori.html
  電話番号：0120-794-082
- 楽天カード
  URL：https://www.rakuten-card.co.jp/contact/robbery/
  電話番号：0120-866-910

○ 銀行口座の暗証番号が流出してしまった可能性がある場合

以下のWebサイトを参考に該当する銀行を検索し、口座一時停止の連絡をしましょう。

- 一般社団法人全国銀行協会
  URL：https://www.zenginkyo.or.jp/abstract/loss/

Q.187 迷惑行為に遭遇してしまったらどうすればいい？

A. ブロックしてしまうのが簡単ですが、それ以外の対応策も紹介します

迷惑だと感じる行為を受ければ迷惑行為と言ってもいいでしょう。そのような行為を受けた場合は冷静にブロックしたり無視するのが最も効果的です。

≫ 迷惑行為への対処法

□ 迷惑行為とは

迷惑行為とは、いきなりメッセージが届いて商品購入を促されたり、執拗に連絡を受けたり自分の投稿に対して嫌なコメントをされるといった行為です。SNSを利用する上で迷惑だなと感じる行為を受けた場合の対処法を紹介します。

□ 心構えが大切

SNSは不特定多数の人が利用するので、自分の意思だけではどうにもならないことが多くあります。基本的には、個人情報は全体に公開しないように利用し、細かい事は気にせずおおらかな気持ちで利用するのがベストです。ちょっとしたことで怒ったり悲しんだりしていると、いわゆるSNS疲れになってしまいます。

□ 対策その1　ブロックする

ブロック機能を利用すれば相手からのメッセージや連絡を防げます。嫌なメッセージやアクションに悩まされているなら、ブロックしてしまうのが最も手っ取り早いです。ブロック方法は以下のページを参照してください。
LINE：Q012（p.47）、Q058（p.124）
Instagram：Q074（p.146）
Facebook：Q143（p.240）
Twitter：Q159（p.270）

□ 対策その2　無視する

たかがSNSと割り切って、迷惑行為を無視するのも有効です。被害に遭わない限りは無視するのも効果的です。

□ 対策その3　アカウントを削除する

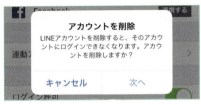

家族や友人知人との連絡に必ず必要でなければ最も簡単な対策です。

Q.188 いわゆる「炎上」をしないためには何に気を付ければいいの？

A. 顔の見えない多数の人を傷付けないように慎重に発言しましょう

炎上というと恐ろしいイメージがあると思いますが、楽しくSNSを使うということを心がければ大丈夫です。他人を思いやってSNSを楽しみましょう。

≫ 炎上への防御策

□ 炎上しないためにできること

炎上とは、SNSに投稿した内容に対して他の多数のユーザーから批判や否定的なコメントを受けてしまうことです。このような事態を起こさないために避けるべき投稿を紹介します。

- 特定の個人に対する攻撃的な投稿
- 非道徳的な行為を行ったという投稿
- 犯罪、犯罪を助長する行為を行ったという投稿
- 迷惑行為を行ったという投稿

そもそも犯罪行為や迷惑行為は絶対にしてはいけませんが、炎上を事前に防ぐにはこれらの投稿を行わないようにしましょう。特に注意したいのは、怒っている状態でSNSに投稿することです。怒っている状態で発言すると、些細なことで怒りを表現し、他人を不快にしてしまいがちです。どうしても怒りがおさまらないという時は、6秒だけ無心になってみましょう。これはアンガーマネジメントと言う、1970年代にアメリカで生まれたとされる心理トレーニングの1つです。6秒間待つことで、怒りのピークが過ぎ去ると言われています。また、お酒に酔った状態でSNSに投稿すると普段と違い強気な内容の投稿になりがちです。SNSに投稿することは控えるようにしましょう。

□ 楽しくSNSを使うコツの提案

SNSを使う目的は、親しい人とより親密になったり、より多くの人と交流して生活を楽しく充実したものにするためです。

楽しくSNSを使うために、以下のように他人を思いやってSNSを利用するとより良く過ごせるのではないかと思います。

- 楽しいポジティブな投稿を心がける
- 否定的な発言は目に入れないようにする
- 誰かを傷付けてしまったら謝罪する
- 逆に傷付いてしまったらSNSからしばらく距離を置く
- 怒っている時は投稿せず6秒だけ待ってみて気持ちを落ち着かせる

非常時の活用法

- スマホを失くす前にこれだけは設定しておこう！
- 失くしたスマホを見つけられる！
- 災害などの非常時への対策をしておこう！
- 非常時でのSNSの便利な活用法がたくさん！

スマホを失くす前の対策

スマホを失くしてしまう前に少しだけの操作をするだけで、スマホを失くしてしまった時に最善の対応ができます。本書を読んでぜひ設定しておきましょう。

スマホを失くしてしまった時の対応

実際にスマホを失くしてしまってもあわてずに対応できます。GPS機能を使って今スマホがどこにあるか確認できます。また、Androidでは悪用されるのを防ぐために遠隔操作でロックを掛けられます。

≫ 非常事態が起こる前の対応と発生後にできること

災害などの非常時に備えてSNSでできることは多くあります。LINEやTwitterで政府・気象情報アカウントをフォローしておくと実際に非常事態に遭遇した時も情報をすばやく入手できます。また、家族でLINEグループを作っておくことでいざという時の安否確認が可能になります。

非常事態に陥った時、まずは家族や大切な人と連絡をすぐに取り合えるLINEが有効活用できます。既読状態を確認するだけでも相手がメッセージを見られる状態だと安心できます。また、現在地を地図で送れるので集合場所も臨機応変に変えられます。

非常時の活用法

→ 他にも色んな為になる機能が盛りだくさん！

Q.189 スマホをなくしてしまった時のためにできることは？ 実際になくしたら？

A. スマホで事前設定を行い、実際になくした時に探せるようにしましょう

スマホをなくしてしまった際に、スマホがどこにあるのかパソコンで探し出せます。また、Androidの場合は万が一見つからない場合もロックをかけられます。

≫ iPhoneの場合

□ 事前の設定

1 端末の設定アプリをタップ

設定画面が表示される

2 自分の名前をタップ

3 [iCloud]をタップ

4 [iPhoneを探す]をタップ

キーチェーン	オフ
iPhoneを探す	オン
iCloudバックアップ	オン

5 [iPhoneを探す]のスイッチをオンにする

6 [最後の位置情報を送信]のスイッチをオンにする

パソコンからブラウザでURL「https://www.icloud.com」にアクセス

7 iCloudのIDとパスワードを入力し、ログイン

Q189 スマホをなくしてしまった時のためにできることは？実際になくしたら？

Check 認証番号の入力が必要

はじめての端末（この場合はパソコン）からログインする場合、認証番号の入力が求められます。利用しているパソコンで1回は必ずログインしておくようにしましょう。
スマホをなくしてからログインしようとすると、認証番号の確認ができません。

スマホのGPS情報を基に自分のiPhoneがどこにあるか検索できる

□ 実際になくした時のiPhoneの探し方

パソコンからブラウザでURL
「https://www.icloud.com」にアクセス

1 iCloudのIDとパスワードを入力し、ログイン

2 ［iPhoneを探す］をタップ

検索が終わる。緑のピンが表示された場所に自分のiPhoneがあることがわかる

Check 活用のコツ

GPSの精度は100％ではないので、周辺を探すようにしましょう。友達の家や飲食店など、思い当たる所を探せば見つかる可能性があがります。

≫ Androidの場合

□ 事前の設定

1 設定アプリをタップ

2 ［Google］をタップ

非常時の活用法 / スマホの紛失 / スマホを紛失した時の事前準備と事後対策

3 [セキュリティ] をタップ

4 [端末を探す] をタップ

5 スイッチをオンにする

これで、専用アプリ・ウェブ・Googleアプリから端末を探せられるようになる

Check 重要！Android端末を探す必須条件

Android端末を探す場合、次の条件をすべて満たしている必要があります。

- Google アカウントにログインしている
- インターネットにつながっている
- GooglePlay での表示がオンになっている
- 位置情報がオンになっている

パソコンからブラウザでURL「https://android.com/find」にアクセス

6 Googleアカウントでログインし [次へ] をクリック

初めてログインする場合は認証番号が求められるので、あらかじめログインだけはしておく

7 登録しているメールアドレスや電話番号に確認コードが届くので入力

8 [次へ] をクリック

□実際にAndroid端末をなくした時の探し方

パソコンからブラウザで「https://android.com/find」にアクセス

1 Googleアカウントでログイン

ログインすると、確認画面が表示される

2 ［承認］をクリック

Android端末の検索が開始される

検索が完了すると端末の位置が表示される

この近辺を探せば端末を見つけられる

Check 見つけ方のコツ

Android端末の場合、遠隔操作で端末の音を鳴らしたり、端末のアカウントをロックすることが可能です。

どうしても見つからない場合は、端末のロックとデータ削除を行うことで、個人情報の流出を避けられます。

Q.190 災害などの非常時に備えて準備しておけることは？

A. 公式アカウントのフォローやLINEグループの作成をしておきましょう

災害や非常事態が発生した場合を想定して、正しい情報を入手したり家族や大切な人と連絡を取りやすくするための準備をしておきましょう。

≫ 公式アカウントのフォロー

正しい情報を入手する為に

災害発生時は、正しい情報を入手することが大切です。特にTwitterなどで飛び交う話は正しい情報もありますが、噂話が大きくなったものやデマが横行しているのが昨今の傾向です。
まずは各種公共機関のアカウントをフォローしておき、正しい情報を落ち着いて入手できるように、事前にフォローしておきましょう。

LINEで公式アカウントをフォローする

公式アカウント「首相官邸」をフォローする

1 タブの[公式アカウント]をタップ

2 検索欄に「首相官邸」と入力し、検索

首相官邸の公式アカウントページが表示されるのでフォローする。災害発生時に、情報をLINEで受け取れる

以下のように、災害に関する情報が通知される

Q190 災害などの非常時に備えて準備しておくことは？

□ Twitterで公式アカウントをフォローする

以下で紹介しているような公式アカウントをフォローすることで災害時・非常時に正しい情報を受け取れます。p.266を参照して、Twitterでアカウント名を検索してフォローしましょう。

○ 警視庁警備部災害対策課

Twitterアカウント：@MDP_bousai

○ 警察庁

Twitterアカウント：@NPA_KOHO

○ 気象庁

Twitterアカウント：@JMA_kishou

○ 東京都防災

Twitterアカウント：@tokyo_bousai

○ 各地域の公共機関

その他、各地域の警察署の公式アカウントや都道府県、市区町村のアカウントをフォローすることで、地域に特化した情報を得られます。特に災害時には地元の情報が素早く得られるので、住まいや地域に合わせてアカウントをフォローしましょう。

□ 公式アカウントかどうかの確認方法

また、災害発生時は公共機関を装った偽のアカウントにも注意しましょう。Twitterの場合、アカウント名の横にチェックがついているものはTwitter社から正式に公式だと認められている、安全なアカウントの証です。

> これまでのアカウントをすべてフォローすると、情報が多すぎて逆に混乱する可能性もあります。そのような場合は、p.271を参照して非常時用にまとめて確認できるリストを作成するといいでしょう。

□Twitterライフラインをフォローする

Twitterライフラインという、Twitter社公式のアカウントをフォローすることで、災害発生時に役立つ情報を入手できます。
Twitterアカウント：@TwitterLifeline

≫ 大切な人や家族間でLINEグループを活用する

□LINEグループを作成する

非常時や災害発生時、家族と連絡を取るためにあらかじめLINEでグループを作っておきましょう。LINEで簡単に連絡を取り合えるので、非常時の安否確認に便利です。
またLINEの場合は、既読機能が役に立ちます。
すぐには返信出来ない状態でも、メッセージを見ただけで既読と表示されるので、とりあえずメッセージを見れる状態ではあるということを家族に伝えられます。
p.82を参照してグループを作成しましょう。

□LINEグループで集合場所を決めておく

災害発生時、自宅に帰れない場合を想定して集合場所を決めておきましょう。LINEの家族グループのノートに記録しておくことで、実際に非常事態が発生した時にも確認できます。

1 トークルームの右上のメニューから［ノート］をタップ

2 ［位置情報をシェア］をタップ

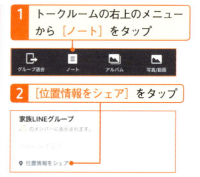

3 地図が表示されるので、集合場所を指定して［この位置を送信］をタップ

ノートに緊急時の集合場所が記録されます。
災害発生時は自分の身の安全を最優先に考え、自宅や会社・学校に戻れそうにない場合は家族で決めた集合場所や、最寄りの避難場所に向かいましょう。

Q.191 災害などの非常時のSNSの活用方法は？

A. 災害時ならではの連絡手段やWi-Fiの利用などさまざまなものがあります

緊急時は電話回線が繋がりにくい状況になることが多いため、電話以外の連絡手段を確認しておきましょう。

≫ 家族や大切な人と連絡を取る方法

災害発生時は、電話回線が混雑して電話が繋がりにくい状況が発生します。そんな時はインターネット回線を使ってLINEでメッセージを送り、相手の安否を確認しましょう。

□ LINEでメッセージを送る

p.50を参照してメッセージを送りましょう。

Column インターネット回線が混雑しているけど送っても届く？

LINEでテキストメッセージを送る場合のデータ通信容量は非常に少ないので、インターネット回線混雑時でも送信しやすいのが特長です。ただ混雑している状況は変わりないので、実際に被害にあっている場合、被害にあっている可能性がある場合にのみ送るようにしましょう。

□ LINEメッセージの既読を確認する

メッセージを送っても相手から返信が無い場合不安になりますが、LINEの場合は既読マークがついたかどうかを確認することで相手が自分のメッセージを見たかどうかを知れます。

下の場合既読マークがついていないので、相手は自分のメッセージを見ていない

下の場合、既読マークがついているので相手は自分のメッセージを見ている。何かしらの事情で返信ができていない状態

≫ Wi-Fiを使ってインターネットを利用する

災害発生時、携帯電話会社の通信が混雑していたり障害が発生し使えない状態になった場合は、Wi-Fiに接続してインターネットに繋がる状態にしましょう。

災害が発生すると、docomo、au、SoftBankなどの大手携帯キャリアや地域の施設が無料でWi-Fiを開放する場合があります。利用することで無料で快適にインターネットを利用できるようになります。

□Wi-Fiに接続する方法（iPhoneの場合）

端末のホーム画面を表示する

1 設定アプリをタップ

2 ［Wi-Fi］をタップ

3 Wi-Fiのスイッチをオンにする

4 接続するWi-Fiのネットワークをタップ

Column ネットワークは自動的に検索される

Wi-Fiのスイッチをオンにすると、自動的に使用できるWi-Fiネットワークを検索して表示してくれます。

5 入力欄にパスワードを入力

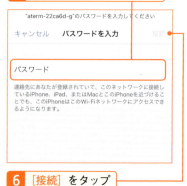

6 ［接続］をタップ

接続が完了。エラー画面が出た場合は画面の指示に従って操作

Q191 災害などの非常時のSNSの活用方法は？

□Wi-Fiに接続する方法（Androidの場合）

端末のホーム画面を表示させる

1 スマホ画面の上から下に向かってスライド

メニューが表示される

2 Wi-Fiマークをタップ

3 Wi-Fiのスイッチをオンにする

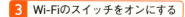

4 接続したいネットワーク名をタップ

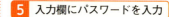

5 入力欄にパスワードを入力

6 ［接続］をタップ

接続が完了。エラー画面が出た場合は画面の指示に従って操作

≫ 位置情報を送って居場所を伝える

自分の居場所をピンポイントで伝えたい場合はLINEで位置情報を共有すると便利です。

1 トークルームで ＋ をタップ

メニューが表示される

2 ［位置情報］をタップ

地図が表示されるので、画面をスワイプして自分がいる場所まで移動させる

3 ［この位置を送信］をタップ

自分が今いる場所を相手に伝えられる

用語集

LINE

≫ A〜Z

LINE ID
名前とは別の、その人を表す固有のID。LINEで知人と繋がる際に電話番号ではなくこのLINE IDを使用することで、第三者である他人が検索できないようにする。

QRコード
LINEにおいては友だちを追加するために使用するQRコード。QRコードはすべての利用者それぞれ固有のもので、アプリから手軽に生成できる。このQRコードをスマホで読み取ると友だちの追加が簡単に行える。

≫ あ〜を

アルバム
アルバムを利用すると、トークしている相手と何枚もの写真を共有・保管できる。旅行やイベントで撮った写真などをアルバムで整理すると管理がとても楽になる。

既読
メッセージを「既」に「読」んだ状態のこと。LINEではメッセージを読むと読んだフキダシの下に「既読」という文言が表示される。「既読になっているのにメッセージの返信がない」という状態を「既読スルー」という。

グループ
3人以上でトークする際に使いやすい機能。トークルームでも3人以上の利用は可能だが、グループに名前やアイコンを付けられたり、メモや、全員での無料通話などが簡単に行える。

公式アカウント
企業が運営しているアカウント。公式アカウント＝企業の分身と考えるとわかりやすい。個人とは異なり、自由に友だち追加でき、追加することでさまざまな特典がある。

スタンプ
大きなイラストが描かれたスタンプ。伝えたい気持ちをメッセージの代わりにスタンプで表現することで、楽しくスムーズに会話できる。無料または有料のものがある。

タイムライン
自分や友だちを含めた、近況の投稿がリアルタイムで表示される（流れる）場所。

通話
携帯電話やスマホからの通話と異なり、LINEでは無料通話が可能（※データ通信量のみ発生）。相手の顔を見ながら通話できるテレビ通話も無料（※データ通信量のみ発生）。Wi-Fiを利用すれば実質無料。

トーク
LINEでリアルタイムで行えるチャット形式の会話。LINEの一番の特長でもあり機能でもある。

トークルーム
トークをする相手との部屋。自分を含めた2人でのトークを行うトークルームはもちろん、3人以上でトークを楽しむトークルームも作れる。

友だち
LINEでつながっているユーザー。LINE上でトークや通話をしたり、グループを共有できる。友だち以外とはLINEの主な機能は使えない。

ノート
トークルームで保存できるメモ。後で見返す必要があるメッセージ内容などをノートにまとめておくと便利。

非表示
疎遠になった友だちなどに対して、友だち一覧に表示しないようにする機能。相手からメッセージは届くので、友だちが多くて探すのが大変になった時などに利用するといい。

不正ログイン
何らかの手段で自分のアカウントを勝手にログイン、操作されること。不正ログインの心当たりがある場合は早急に強制ログアウトさせる。

ふるふる
その場に複数人、友だち追加したい・されたい相手がいる場合にこの機能を使用する。基本は端末を振るだけで友だち追加の準備が行えるので便利。

ブロック
迷惑行為をしてくる相手に行う。執拗にメッセージを送ったり、迷惑行為を行う相手にはブロックする。

Instagram

》 あ〜を

アーカイブ
既に投稿した写真や動画を一覧に表示させずストックする。アーカイブ画面で確認できる。

いいね！
素敵だと思った写真や動画のハートマークをタップすること。手軽に相手へ反応できる。

加工
本書では編集と同義。

キャプション
写真や動画を投稿する際に付ける説明文。

コメント
写真や動画に対してメッセージを送ること、またそのメッセージ。

ストーリー
24時間限定で表示できる写真や動画。よりリアルタイムで投稿内容を楽しめる。

タグ付け
写真や動画内に写っている人物を表記できる機能。

ハッシュタグ
「#」を先頭に付けたワード。写真や動画のキャプションにハッシュタグを付けることで、そのワードで検索している人へ届きやすくなる。

フィルター
1タップだけで色調や画像のイメージをさまざまな印象のものに変えられる。

フォロー/フォロワー
フォローすると相手の投稿した写真や動画などがリアルタイムで表示され、確認できる。逆に自分をフォローしている相手はフォロワーといい、自分の投稿が相手のホームに表示される。

ブックマーク
写真や動画を保存する機能。後で見返せる。

用語集

編集
写真や動画の縦幅と横幅を変更して切り抜いたり（トリミング）、角度の変更などができる。明るさや色調整なども可能。

Facebook

≫ あ〜を

アルバム
旅行やイベントなどで大量に撮影した写真をまとめられる機能。アルバムへの写真の追加などを複数人で管理するのも可能。

いいね！
投稿に対して良いと思ったものへのリアクション。いいね！以外にも手軽なリアクションは可能。

グループ
サークルや同窓会などの複数人から構成されたメンバー、その集団。グループ内で集まりの日時を設定したり参加者を募れる。

公開範囲
投稿や自分のプロフィールなどを、全体公開、友達の友達のみ、友達のみ、自分のみに公開範囲を設定できる。

知り合いかも
連絡先を知っていたりお互いの友達の友達だったり、何らかの接点があるユーザーが表示される。

タグ付け
投稿で一緒に時間を過ごした友達を表示する。

投稿
近況やイベントなどを文章や写真などで伝える機能。

友達
Facebookでつながっている友人・知人。友達のみに情報を公開するなどが可能。

友達リクエスト
友達になってFacebookでつながろうという申請。承認すると友達になる。

二段階認証
他の端末からログインしようとした場合、パスワードだけでなく認証コードが発行され、そのコードを入力しなければログインできないようにする。不正ログインへの対策に有効。

ブロック
迷惑行為を行うユーザーに対して行う。メッセージを受け取らないようにするなどの対応が可能。

Twitter

≫ A～Z

DM
ダイレクトメッセージのこと。

RT
リツイートのこと。

≫ あ～を

いいね
良いと思ったツイートのハートマークをタップすること。手軽に相手に反応を送れる。

タイムライン
自分やフォローしているユーザーのツイートが表示される場所。

用語集

ダイレクトメッセージ
特定の個人と2人だけ（または参加人数だけ）でメッセージのやり取りが行える。LINEのトーク、FacebookのMessengerと似た機能。

ツイート（つぶやき）
その時思ったことや近況などを140文字以内で表す投稿。Twitterを代表する機能。

バズる（バズった）
Twitterに限らないが、リツイートなどで多くの人の間で話題になった投稿のこと。

フォロー/フォロワー
フォローすると相手のツイートが自分のタイムラインに流れる。また、反対に自分をフォローしているユーザーをフォロワーと呼ぶ。フォロワーは自分のツイートが相手のタイムラインに表示される。

ブックマーク
ツイートを保存しておく機能。いいねと異なり自分以外には見られない。

ブロック
迷惑行為を行う相手に対して、メッセージを受信しない、タイムラインにお互いのツイートを表示させないなどが行える機能。

ミュート
タイムラインに相手のツイートを表示させないようにできる機能。

リスト
ユーザーを一覧にまとめられる。リストごとにタイムラインでツイートの確認が可能。

リツイート
ツイートを自分のフォロワーに拡散する機能。Twitterで話題になる（バズる）時はこの機能によって拡散される。

リプライ（返信・リプ）
ツイートに対してコメントすること、またそのコメントに対して返信すること。

索引

LINE

●A
App Store ………………………… 024

●F
Facebookアカウントで
LINE利用 ……………………… 114

●G
Google Play ……………………… 026

●K
Keep ……………………………… 080

●L
LINE ID
　作成 ………………………… 031
　検索 ………………………… 039
LINE Out ………………………… 079
LINE Out Free …………………… 078

●P
Playストア ……………………… 026

●Q
QRコード ………………………… 037
QRコードの更新 ………………… 131
QRコードの表示 ………………… 038
QRコードの読み取り …………… 037

●あ
アカウントの削除 ……………… 130
アカウントの引き継ぎ ………… 105
アルバムの作成 ………………… 066
アルバム内の写真の並べ替え … 068

●い
位置情報 ………………………… 069
インストール …………………… 024

●え
絵文字 …………………………… 054

●お
お気に入り ……………………… 046

●き
既読を付けずに
メッセージ確認 ………………… 119

●く
クロネコヤマト（ヤマト運輸）の
公式アカウント ………………… 110
グループ
　グループからの退会 ……… 090
　グループのアイコン変更 … 084
　グループの作成 …………… 082
　グループの名前変更 ……… 085

グループメンバーの
　追加・削除 …………… 086

● こ

コイン ……………………… 062
公式アカウント …………… 108

● し

写真の送信 ………………… 064
写真の編集 ………………… 065
知り合いかも？ …………… 043

● す

スタンプ
　送る ……………………… 056
　期限切れスタンプの削除 …… 060
　無料スタンプの入手 …… 058
　有料スタンプの購入 …… 061
スタンプショップ ……… 058、061

● た

タイムラインの確認 ……… 092
タイムラインの公開設定 … 096
タイムラインのリスト作成 …… 097
タイムラインへの投稿 …… 091
投稿の削除 ………………… 093
投稿の修正 ………………… 094
投稿へコメント …………… 095

● ち

着信音の設定 ……………… 101

● つ

通知音の設定 ……………… 100
通知設定 …………………… 098
通知のメッセージ
表示切り替え ……………… 119
通報 ………………………… 125
通話
　LINE Outで通話 ………… 079
　LINE Out Freeで通話 …… 078
　グループメンバーと
　無料通話 ………………… 089
　無料通話 ………………… 076

● と

動画の送信 ………………… 064
トーク ……………………… 050
トーク画面（トークルーム）… 052
トークルームの
背景デザイン変更 ………… 074
トークルームの複数人利用 … 071
トーク履歴のバックアップ … 103
トーク履歴の復元 ………… 107
友だち以外からの
メッセージ受信拒否 ……… 124
友だちから削除 …………… 048
友だち追加
　LINE IDから …………… 031
　QRコードから ………… 037
　SMSで招待 …………… 035
　知り合いかも？から …… 043
　電話番号から …………… 040

友だち自動追加 033
ふるふるで 041
メールで招待 036
友だち追加・検索を回避
　ID検索 123
　自動追加 049
　追加 049
　電話番号 031

●に
ニュース 023

●ね
年齢認証 039

●の
ノート 088

●は
パスコード 122
パスワードの再設定 127
パスワードの変更 129
パソコンやタブレットでの
LINE利用 116

●ひ
非表示 047

●ふ
不正ログインへの対処 134
ふるふる 041

プレゼント
　着せかえのプレゼント 118
　スタンプのプレゼント 117
ブロック 047
プロフィール 029

●へ
返信 053

●め
メッセージの確認
　通知から 052
　トークルームに移動して 052
メールアドレスと
パスワードの登録 113
メールアドレスの変更 129

Instagram

●D
Direct 173

●F
Facebookでリセット 178
Facebookに同時投稿 183

索引

●L
LINEの友達に
投稿した写真を送る ……………… 184

●T
Twitterに同時投稿 ……………… 183

●あ
アーカイブ …………………… 167
アカウントの削除 …………… 187
アカウントの作成 …………… 139
アカウントの複数登録………… 181
アカウントを切り替えて投稿… 149
アカウントを切り替えて利用… 181
アカウントを非公開にする …… 176

●い
いいね！
　いいね！する ……………… 154
　いいね！を解除 …………… 154
　いいね！を確認 …………… 155
位置情報の追加 ……………… 163

●き
キャプション ………………… 149

●こ
広告の非表示 ………………… 185
コメント
　コメントする ……………… 156
　コメントの削除 …………… 156

コメントへの返信 …………… 157
コレクション ………………… 165

●し
写真の投稿 …………………… 148
複数の写真の投稿 …………… 150

●す
ストーリー
　確認 ………………………… 170
　作成 ………………………… 169
　表示したくない人を指定 …… 171
　保存 ………………………… 172

●た
ダイレクトメッセージ
　写真や動画を送信 ………… 174
　送信 ………………………… 173
　メッセージに
　いいね！をする …………… 174
タグ付け ……………………… 162

●つ
通知 …………………………… 155
通知の設定 …………………… 175

●て
データ使用量の軽減 ………… 186
電話番号の変更 ……………… 177

●と
動画の投稿 …………………… 151

投稿
　一覧表示 ……………………… 168
　削除 …………………………… 167
　非表示（アーカイブ） ……… 167
　編集 …………………………… 166
●は
パスワードの変更 ……………… 178
パスワードのリセット ………… 179
ハッシュタグ
　ハッシュタグを検索 ………… 158
　ハッシュタグを
　投稿に付ける ………………… 159
　ハッシュタグをフォロー …… 160
●ふ
フィルター ……………………… 153
フォロー
　Facebookの友達をフォロー　142
　検索してフォロー …………… 143
　フォロワーをフォロー ……… 145
　連絡先からフォロー ………… 144
フォロワー ……………………… 145
ブックマーク …………………… 164
ブロック
　ブロックする ………………… 146
　ブロック解除する …………… 146
　プロフィール写真の設定 …… 141
●へ
編集 ……………………………… 152

●ほ
翻訳 ……………………………… 186
●め
メッセージ ……………………… 173
メールアドレスの変更 ………… 177
●ろ
ログアウト ……………………… 182

Facebook

●F
Facebookからの連携全解除 …… 239
●M
Messenger
　インストール ………………… 227
　グループの作成 ……………… 229
　利用 …………………………… 228
●あ
アカウントの削除 ……………… 255
アカウントの登録 ……………… 193
アカウントの復帰 ……………… 251
アルバムの作成 ………………… 223

索引

●い
いいね！ ……………………………… 220
いいね！以外のリアクション … 221
イベント
　共有 ………………………………… 226
　作成 ………………………………… 225
　参加 ………………………………… 226

●か
カバー写真の設定 ………………… 197

●き
旧姓の登録 ………………………… 200

●く
グループ
　カバー写真の変更 ……………… 233
　グループへの投稿 ……………… 232
　グループへの投稿の承認制 … 235
　作成 ………………………………… 231
　参加 ………………………………… 230
　参加の承認制 …………………… 234
　退会 ………………………………… 236

●け
検索可能範囲の設定 ……………… 241

●こ
コメントする ……………………… 220
コメントへの返信 ………………… 222

●し
写真の投稿 ………………………… 214
信頼できる連絡先の設定 ……… 250

●せ
制限リスト ………………………… 209
セキュリティコード …………… 245

●た
タグ付け …………………………… 211
タグ付け（写真に） ……………… 212

●つ
通知設定 …………………………… 237

●と
投稿の公開範囲の変更 ………… 216
投稿の作成 ………………………… 211
投稿のシェア ……………………… 219
投稿の編集 ………………………… 218
友達から削除 ……………………… 207
友達申請
　検索して友達申請 ……………… 202
　承認 ………………………………… 203
　「知り合いかも」から友達申請 … 205
　連絡先から友達申請 …………… 204
友達リクエスト
　削除 ………………………………… 208
　制限 ………………………………… 208
友達を招待 ………………………… 205

333

●に
二段階認証 …………………… 246
認証アプリの解除 …………… 249

●は
パスワードの再設定 ………… 245
パスワードの変更 …………… 244
パソコンでのFacebook利用 …… 253

●ふ
ブロック ……………………… 240
プロフィール写真の設定 …… 196
プロフィールの確認 ………… 206
プロフィールの公開範囲の設定 242
プロフィールの設定 ………… 198

●ほ
他アプリとの連携解除 ……… 238
他の端末からログアウト …… 245

●め
メインページの確認 ………… 210

Twitter

●D
DM …………………………… 284

●R
RT …………………………… 282

●あ
アカウントの切り替え ……… 295
アカウントの削除 …………… 303
アカウントの登録 …………… 260
アカウント名の変更 ………… 293
アンケート …………………… 288

●い
いいね ………………………… 286
位置情報 ………………… 262、298
引用リツイート ……………… 282
引用リツイートの削除 ……… 283

●か
画像や動画を付けてツイート … 278
既読通知のオフ ……………… 285

●け
検索 ……………………… 266、274

●た
タイムライン ………………… 276
ダイレクトメッセージ ……… 284
ダイレクトメッセージの
受信を限定する ……………… 296

索引

●つ

ツイート（つぶやき） ……… 258
ツイートの削除 ………………… 281
ツイートの報告 ………………… 297
通知 ……………………………… 289

●と

トレンド ………………… 259、275

●に

認証コード ……………………… 261

●は

パスワードの変更 ……………… 300
パソコンでTwitterを使う ……… 301
パソコン版のTwitterを
スマホで使う …………………… 301
ハッシュタグ …………………… 279
ハッシュタグを付けて
ツイート ………………………… 279

●ふ

フォロー
　おすすめユーザーをフォロー 265
　キーワード検索からフォロー 266
　フォロワーをフォロー ……… 267
　連絡先からフォロー ………… 265
フォロー解除 …………………… 268
フォロワー ……………………… 267
複数のアカウントの作成 ……… 294
ブックマーク …………………… 287

プッシュ通知 …………………… 290
ブロックする …………………… 270
ブロックの解除 ………………… 270
プロフィール画面の表示 ……… 263
プロフィールの変更 …………… 263

●へ

ヘッダー画像 …………………… 263

●み

ミュートする …………………… 269
ミュートの解除 ………………… 269

●め

メディアの確認 ………………… 273
メール通知 ……………………… 290
メンション ……………………… 280

●も

モーメント ……………………… 275

●ゆ

ユーザー名の変更 ……………… 292

●り

リストから削除 ………………… 272
リストに追加 …………………… 272
リストの作成 …………………… 271
リツイート ……………………… 282
リツイートの取り消し ………… 283
リプライ（返信） ……………… 277
リンクを共有 …………………… 302

335

■ 著者紹介
アンドロック（AndRock）
スマホアプリのレビューや使い方を解説するWEBサイトを運営している。
初心者でも理解出来るような分かりやすい記事をモットーに2011年から活動している。
また、スマホゲームの攻略情報やLINEスタンプ紹介、スマホアプリの裏技など、スマホ上級者の為の記事も掲載中。初心者から上級者まで幅広い層を対象にスマホアプリ関連の記事を毎日更新中。
URL：http://androck.jp/

- 装幀、本文デザイン　米倉 英弘
- 写真提供　　　　　　Pixabay
- 編集　　　　　　　　坂本 千尋
- 組版　　　　　　　　BUCH⁺

■ 本書のサポートページ
https://isbn.sbcr.jp/98403/

本書をお読みいただいたご乾燥を上記URLからお寄せください。
本書に関するサポート情報やお問い合わせ受付フォームも掲載しておりますので、あわせてご利用ください。

LINE, Instagram, Facebook, Twitter
やりたいことが全部わかる本
この一冊で今すぐはじめられる

2018年12月21日　初版第1刷発行
2019年 9月 4日　初版第3刷発行

著　者　　アンドロック
発行者　　小川 淳
発行所　　SBクリエイティブ株式会社
　　　　　〒106-0032　東京都港区六本木2-4-5
　　　　　http://www.sbcr.jp/
印刷・製本　株式会社シナノ

落丁本、乱丁本は小社営業部（03-5549-1201）にてお取り替えいたします。
定価はカバーに記載されております。
Printed in Japan　ISBN 978-4-7973-9840-3